하루꽃차

하루꽃차

발행일   2021년 10월 8일

지은이   이연우
펴낸이   손형국
편집 및 디자인   박유진
펴낸곳   (주)북랩
편집인   선일영
출판등록   2004. 12. 1(제2012-000051호)
주소   서울특별시 금천구 가산디지털 1로 168, 우림라이온스밸리 B동 B113~114호, C동 B101호
홈페이지   www.book.co.kr
전화번호   (02)2026-5777   팩스   (02)2026-5747

ISBN   979-11-6539-294-9 03570 (종이책)   979-11-6539-295-6 05570 (전자책)

작가 연락처 문의 ▸ ask.book.co.kr

작가 연락처는 개인정보이므로 북랩에서 알려드릴 수 없습니다.

명자

"건강꽃차",
직접 만들어 마시자!

'앞으로 무슨 일을 하며 살아갈까?' 하던 일을 그만두게 되면서 앞날을 고민했다. 다시 경제활동을 할 수 있으면 좋고, 사회나 이웃에 도움이 되는 일을 해도 좋겠다는 생각을 하던 차에 약초교육이 눈이 들어왔다. 백세시대인 만큼 스스로 자기 건강을 챙기는 데에도 좋고, 이웃들에게도 도움이 될 것 같아 주저 않고 교육을 받았다. 처음 대하는 약초 이야기라 쉽지는 않았지만, 필요한 교육이어서인지 아주 즐겁게 공부를 했다. 평소 무관심했던 우리의 산야초에 대해서 알아가면서 자연에 대한 감사와 경외심도 생겼다. 우리가 무심코 지나쳤던 잡초들도 알고 보니 모든 게 약초였다. 애당초 쓸모없는 잡초는 없었다. 단지 몰랐을 뿐이었다. 그렇게 편견이 깨지고 모든 식물에 애정이 생겨 우리의 산야와 약초에 대해 더 알아보고 싶다고 생각할 즈음, 또 하나의 행운이 찾아왔다. 꽃차를 접하게 된 것이다. 예전에는 눈에 전혀 들어오지도 않았던 꽃들이 귀한 손님처럼 찾아왔다.

'아니, 꽃을 먹고 마신다고? 그건 꽃에 대한 예의가 아니잖아!'

끌리듯이 다가갔다. 첫 강의 때를 잊을 수가 없다. 수강생들 평균 나이는 얼추 40대 후반. 웬만한 것에는 놀라지 않을 나이였지만, 모두 놀란 토끼눈으로 이구동성 한 마디씩 했다.

"너무 예뻐요. 이걸 어떻게 먹어요. 아까워라, 넘 이뻐요. 신기해요."

쏟아지는 감탄사! 꽃차를 덖는 내내 입가에 미소가 가시지 않는다. 그 이쁜 순간을 놓칠 수 없다는 듯 연신 카메라를 눌러댄다. 행여 꽃잎이 부서질까 조심조심하면서 '하하호호' 모두 즐겁다.

'아, 이런 게 힐링이구나. 이게 테라피라는 거구나.'

감동이었다. 생각을 해보았다. 왜 그동안 꽃을 범접할 수 없는 대상으로 여기고 바라만 보았을까. 이렇게 눈으로, 코로, 입으로 얼마든지 즐길 수 있는데. 그리고 지금도 산과 들에 지천으로 깔려 있는 것이 꽃과 풀이라 마음만 먹으면 얼마든지 이용할 수 있는데 말이다. 요즘 건강에 대한 관심이 높아지면서 우리의 산야초가 각광을 받고 있지만, 대부분 도시에서 자란 이들은 농가에서 재배되어 유통되는 채소와 꽃들만 알고 있었기에 그러지 않았나 싶다. 식량이 부족하여 굶주린 시절이 있었던 만큼, 특별한 날 선물을 하는 귀하고 비싼 꽃을 먹는다는 것은 감히 생각조차 하지 못했을 것이다. 이제 경제적으로 풍요로운 시대에 살다보니 자연스레 식물에 대한 연구들도 활발해지고 좋은 영양성분이 많은 꽃에 관심이 쏠리면서 바라보는 꽃에서 이용하는 쪽으로 발전해가고 있는 것이다.

옛 문헌에 보면 우리 선조들은 오래전부터 꽃을 따서 말려 차로 즐긴 기록들이 많이 있다. 다반사(茶飯事)라 하여 차를 마시고 밥을 먹는 일은 특별한 일이 아니라 일상이라 여기며, 자연을 벗삼아 차를 마시고 시를 읊었다. 이 책에서는 그러한 우리 선조들의 위대한 문화유산을 이어받고자 시와 꽃의 유래를 함께 소개해 보았다.

우리나라에서 커피를 즐기는 인구는 해마다 급속도로 늘어나고 있는 것에 비해 꽃차의 인기는 이제 시작에 불과하다. 많은 사람들이 커피를 선호하는 이유는 특별한 향과 맛 때문이기도 하지만 또 한 가지, 편리성과 접근성을 들 수 있겠다. 가정은 물론 사무실에서도 커피를 마실 수 있도록 커피와 도구들이 비치되어 있다. 이렇게 쉽게 접할 수 있는 커피와는 달리 차는 뭔가 도구도 그럴싸하게 갖추어야 하고 시간도 오래 걸린다고 생각한다. 이러한 생각들이 꽃차를 마시는 데 방해가 되는 것 같다. 물론 정성을 기울이고 이왕이면 다구를 다 갖추어 즐기면 더 좋겠지만 바쁜 현대인들에게는 사실 쉽지 않은 일이다. 알고 보면 핸드드립보다 더 쉬운 것이 꽃차인데, '차'는 어렵고 복잡하다는 선입견 때문에 꽃차 마시기가 쉽지 않은 것이다.

커피에 원두 볶는 '로스팅' 과정이 있듯이 꽃차도 꽃을 덖는 '제다' 과정이 있다. 커피는 애호가들 아니고서는 가정에서 직접 로스팅을 하는 것이 쉽지 않지만, 꽃차는 단언컨대 쉽다. 꽃을 덖을 팬 하나만 있으면 된다. 커피 로스터기처럼 비싸지도 복잡하지도 않다. 핸드드립으로 커피를 내리려면 종이필터, 드리퍼, 서버도 있어야 하지만,

꽃차는 이마저도 필요 없다. 컵에 꽃차를 넣고 물만 부으면 된다. 즉, 끓인 물만 있으면 언제 어디서든지 손쉽게 마실 수 있다. 그리고 집 안에 깨끗하게 키우는 꽃이 있으면, 그 꽃을 따서 제다하면 되므로 재료 수급적인 측면에서도 월등하다. 그 중에서도 가장 큰 장점은 자 기 손으로 직접 꽃차를 만들어 마실 수 있다는 것이다.

세월이 바뀌면 사람들 생각도 의식도 바뀌는데, 전통만 고집할 수는 없다. 지금은 가마솥에 불 때는 시대가 아니다. 따라서 이 책에 서는 현대에 맞게 누구나 꽃차를 접하고 직접 차를 덖어 마실 수 있 도록 가능한 쉽게 설명을 하였고, 제다 도구도 가정에서 흔히 사용 하는 도구를 이용하였으며, 1인 시대에 맞게 소량으로 덖는 장면도 넣었다. 음식을 만들어 먹는 것처럼 본인의 취향대로 덖어서 마시면 된다. 가벼운 마음으로 한번 시작해보자.

'차'는 기호식품이면서도 유용한 성분으로 인하여 전통적으로 약차라 할 만큼 효능도 좋다. 비타민, 무기질, 안토시아닌 등 유용한 성분이 많은 꽃차는 색, 향, 맛 등 오감을 자극하는 훌륭한 차 재료 이다. 이렇게 좋은 꽃차를 많은 사람들에게 알리고 또 직접 만들어 마실 수 있는 방법을 소개하고자 부족하지만 이 책을 내게 되었다. 자연이 주는 모든 풀과 꽃은 다 약이면서도 음식이다. 몸에 좋은 꽃 차와 약차를 직접 제다하여 꽃차를 덖는 즐거움은 물론 나와 가족 의 건강을 지켜보자. 차는 어렵다는 선입견을 깨고 꽃차를 마시는 일 이 다반사가 되길 바래본다.

– 이천이십일 년, 가을바람이 선선한 시월 어느 날에
연우가

3부 몸에 좋은

뿌리차,
잎차,
열매차

C·O·N·T·E·N·T·S

1부

알기 쉬운 차문화 이해

골담초

차의 기원과 역사

인류가 언제부터 차를 마시게 되었는가에 대해서 정확하게 알 수는 없다. 그러나 인간이 살아가기 위해 본능적으로 필요한 것이 먹고 마시는 것인 만큼, 자연에서 나는 풀과 열매를 식용하다가 점차 인간의 문명이 발달함에 따라 관습적으로 민간에서 전해오던 것이 보존, 기록되면서 기호식품으로 발전해 나갔으리라 생각된다. 따라서 차의 역사는 인류의 시작과 함께 시작되었다고 볼 수 있겠다.

중국은 일찍이 차가 대중화된 나라로 중국인들은 차 마시기를 매우 즐겼다. 당나라 육우(陸羽)는 차를 통하여 성인의 경지에 이르렀다고 한다. 760년경, 육우가 집필한 『다경(茶經)』에 복희씨(伏羲氏), 여와씨(女媧氏)와 더불어 중국의 전설적 제왕, 즉 '삼황'에 속하는 신농씨(神農氏)가 차를 발견했다는 기록이 나온다. 『신농(神農)』의 식경에서 '차를 오래 마시면 사람으로 하여금 힘이 있게 하고 마음을 즐겁게 한다.'고 하고, '신농이 백 가지 초목의 맛을 보다가 하루는 수십 가지 독을 먹었는데, 도(茶)를 얻어 해독하였다.'고 전하는 것을 보면 신농씨 때인 BC2700년경에 이미 인류는 차를 마셨음을 알 수 있다.

(1) 차의 역사

❶ 삼국시대

그렇다면 우리나라에서 차의 역사는 언제부터 시작된 것일까? 화엄사와 쌍계사를 중심으로 차와 관련된 기록이 있는 데다가, 오래전부터 지리산에 야생 차나무가 많이 분포한 까닭에 자생설이 주장되기도 한다. 그러나 이능화의 『조선불교통사(1918)』에 보면 금관가야의 '수로왕비 허황옥이 인도에서 가져온 차 씨앗이라고 한다.'는 내용이 기록되어 있다. 아삼지방에서 자생하는 차나무가 김해지방을 비롯해 가야의 주요 지역에서 자라고 있다는 것은 이러한 사실을 뒷받침한다. 그 외에도 『삼국유사(三國遺事)』 가락국기(駕洛國記)에 따르면 수로왕의 17대손인 갱세급간(賡世級干)이 나라의 뜻을 받들어 매년 술을 빚고 떡, 밥, 차, 과일 등의 음식을 갖추어 해마다 제사를 지냈다는 기록이 있다.

고구려

고구려는 지리적 위치로 인하여 중국과의 교류가 활발하였으므로 다른 나라에 비해 보다 빠르게 차를 마시는 문화가 자리잡았을 것으로 보인다. 고구려의 옛무덤에서 발굴된 전차(錢茶)를 통해 그 모습을 그려볼 수 있는데 이 전차는 가루를 내어 마시는 고급 단차(團茶)로 차를 무덤에 넣은 것으로 보아 무덤의 주인이 생전에 차를 좋아하였거나 아니면 신령께 바친 것으로 추측해 볼 수 있다. 즉, 이러한 문화재로 보아 고구려에서는 일찍이 차가 널리 애용됐었음을 알 수 있다.

백제

일본의 문헌인 『일본서기(日本書紀)』에 의하면 킨메이 천황(539~571) 시기에 백제의 성왕(聖王, 523~554)이 담혜화상(曇惠和尙) 등 열여섯 명의 승려에게 불구(佛具)와 차(茶), 향(香) 등을 보냈다고 한다. 또한 일본의 『동대사요록(東大寺要錄)』에 백제의 귀화승인 행기(668~749)가 중생을 제도하기 위하여 차나무를 심었다는 기록이 있는 것으로 보아 백제도 일본과 교류하면서 일찍 차문화가 형성된 것으로 보인다.

신라

이미 선덕여왕 시대에도 차를 마셨으며, 『삼국사기』에서는 흥덕왕 때 당나라 사신으로 갔던 대렴이 차 종자를 가져오자 왕이 그것을 지리산에 심게 하면서 차문화가 급속도로 발전하였다고 전한다. 초의선사는 『동다송』에서 '지리산 화개동은 차나무가 40~50리에 걸쳐 자생하고 있다.'고 하였는데, 실제로 화개장터에서 쌍계사, 칠불사에 이르는 수십 미터의 길에는 자생 차나무가 있었다.

신라가 삼국을 통일한 전후 시기에는 승려와 왕족, 화랑도를 비롯한 귀족들이 차를 마시는 풍습이 생활화되었다. 사복(蛇腹)이 원효대사(元曉大師)에게 차를 공양했다는 설화도 있고, 신문왕의 두 아들인 보천(寶川), 효명(孝明) 왕자가 속세를 떠나 오대산에서 수도하면서 매일 문수보살(文殊菩薩)에게 차를 공양했다고도 한다. 이 외에도 차에 대한 기록들이 여럿 남아 있다.

❷ 고려시대

고려시대는 음다(飮茶)의 시대였다. 태조부터 공명왕을 비롯하여 왕과 귀족, 승려들은 중국 다도(茶道)를 즐겼으며, 고전인 『다경(茶經)』을 읽을 만큼 차를 즐겨 마셨다. 팔관회와 연등회 같은 국가적인 행사나 혼례, 책봉식 등 왕실행사에도 진다의식(進茶儀式)이라 하여 차를 꼭 올렸으며, 왕은 신하나 노인에게 차를 하사하기도 하였다. 또한 외교적으로도 차(茶)는 중요한 예물이나 공물 중의 하나로 애용되었다. 차에 관한 일은 다방(茶房)에서 맡았는데, 이는 문종 때 태의감에 소속되어 의약과 치료를 담당한 기관이었다.

귀족들은 송나라 상인으로부터 중국차를 구입하고, 좋은 다구와 아름다운 정원을 꾸며 차를 즐겼다. 이인로(李仁老), 임춘(林椿), 이규보(李奎報), 이색(李穡), 이숭인(李崇仁), 정몽주(鄭夢周) 등을 비롯하여 그 외의 많은 문인들이 차를 즐겨 차시(茶詩)와 그림을 남겼다. 특히 이규보는 '차를 끓여 마시어 바위 앞의 샘물을 말리고 싶다.'고 할 정도로 차를 좋아하여 차시를 많이 남겼으며, '차(茶)의 맛은 도(道)의 맛'이라 하여 '다도일미(茶道一味)'를 주장하기도 했다.

謝人贈茶磨(사인증다마) / 차맷돌을 선물 받고

- 이규보(李奎報, 1168~1241)

琢石作孤輪(탁석작고륜)	돌을 쪼아 만든 바퀴 같은 맷돌
廻旋煩一臂(회선번일비)	빙빙 돌림에 한 팔이 수고롭다
子豈不茗飮(자기불명음)	그대 역시 차를 마실 터인데
投向草堂裏(투향초당리)	어찌 내 초당에까지 보내주었나
知我偏嗜眠(지아편기면)	내 심히 참 즐기는 줄 알아
所以見奇耳(소이견기이)	이것을 내게 보낸 것이겠지
硏出綠香塵(연출녹향진)	푸르고 향기로운 가루 갈아내니
益感悟子意(익감오자의)	그대의 뜻 더욱 고마워라

위 시에서 차맷돌이 등장하는 것으로 보아 고려시대에 차를 가루 내어 말차로 마셨다는 것을 알 수 있다. 고분에서는 떡 모양 병차도 나왔는데, 이는 당시 고려의 수준 높은 차문화 생활을 짐작게 한다. 그러나 상류 귀족들의 음다풍습은 백성들의 고혈(膏血)을 짜내고 생활을 궁핍하게 만들었다. 관리들은 차세(茶稅)를 거두고, 노인은 물론 어린아이까지 차출하여 차를 만들게 하였으며, 등짐을 지고 먼 길을 옮기게 하였다. 백성들은 차세를 피하기 위해 차나무에 불을 지르기도 했다. 이렇듯 백성들의 원성이 점차 높아지면서 차문화는 쇠퇴의 길로 접어든다.

❸ 조선시대

조선시대에 이르러서는 차를 즐기는 풍습은 많이 사라졌다. 궁중에서도 외국 사신을 맞이할 때 차례는 행해졌지만 차츰 차를 마시지 않게 되었다. 조선 초기에는 이행(李行), 서거정(徐居正), 김시습(金時習), 김종직(金宗直) 등에 의해 고려의 음다 풍습이 겨우 명맥을 이어왔다. 그러다 조선 말기에 대흥사의 혜장(惠藏), 초의(草衣), 범해(梵海) 등의 승려들과 정약용(丁若鏞), 신위(申緯), 김정희(金正喜), 이상적(李尙迪) 등의 사대부들이 차를 즐기면서 다시 차를 마시는 문화가 생겨나게 된다.

초의는 우리나라 '다성(茶聖)'이라고 불린다. 초의선사는 『동다송(東茶頌)』을 지었으며, 직접 차를 재배하여 다도의 이론을 정립하고 우리나라의 다도를 일으키는 데 일조하였다. 초의는 동갑내기이자 당대 문장가인 추사와 절친한 사이였는데, 차와 관련된 다음의 일화가 전해져 내려온다.

추사가 제주로 유배를 가 있을 때 일이다. 초의가 차를 제 때 보내지 않자, 추사는 투덜대며 차를 보내달라는 글을 보냈다.

『 나는 그대를 보고 싶지도 않고 또한 그대의 편지도 보고 싶지 않으나 다만 차의 인연만은 차마 끊어버리지도 못하고 쉽사리 부수어 버리지도 못하여 또 차를 재촉하니, 편지도 보낼 필요 없고 다만 두 해의 쌓인 빚을 한꺼번에 챙겨 보내되 다시 지체하거나 빗나감이 없도록 하는 게 좋을거요. 』

당대의 최고의 문장가인 추사가 철부지 아이처럼 보채는 모습에서 그의 순수함, 초의와의 격의 없는 친분 그리고 차에 대한 애정을 엿볼 수 있다. 이렇듯 불교의 쇠퇴와 함께 겨우 명맥을 이어오던 조선시대의 다도가 이들 선비들에 의해서 새롭게 꽃피우게 된다.

❹ 근현대 시대

구한말에는 고관들 사이에서 다화회(茶話會)라 하여 차를 마시는 모임이 자주 열렸다. 일제강점기에 차의 생산과 보급, 연구가 활발히 진행되었는데, 광주 무등다원(無等茶園), 정읍 소천다원(小川茶園), 보성의 보성다원(寶城茶園) 등이 모두 일본인들의 식민지교육의 일환으로 조성되었다.

1930년대부터 고등여학교와 여자전문학교에서 일본의 다도를 우리나라에 심으려는 다도교육이 시작되었고, 1936년 조선총독부는 『직업과 교과서』를 편찬하여 차의 종류와 재배에 대해서 설명하며 이론과 제다실습을 하게 하였다.

해방 후, 동양화가 허백련(1891~1977)은 무릉도원을 인수하여 '삼애다원(三愛茶園)'으로 이름을 바꾸고 춘설차를 만들어 우리나라의 다도를 발전시켰다. 1957년 장영섭은 보성에 '대한다업'을 설립하여 보성을 한국 최고의 차 산지로 만들었다. 1979년 1월 15일 최범술을 회장으로 '한국차인회'가 결성되고, 잡지 『다원』이 창간되었다. 1981년 5월 25일에는 하동 쌍계사 입구에서 대렴공 차시배 추원비 제막식이 열렸고, 진주 촉석루에서 '차의 날'이 선포되면서 차에 대한 관심이 새로이 일어나 활기를 띠게 된다.

(2) 꽃차의 역사

　건강한 먹거리에 대한 관심이 유기농 채소에서 산야초로, 또 식용꽃으로 이어져오고 있다. 우리 산야의 풀과 꽃들이 요즘에 와서 새롭게 조명되고 있는 이유는 특별한 향과 맛, 아름다운 색감을 꼽을 수도 있겠지만, 무엇보다 식물이 가진 유용한 성분 때문일 것이다. 우리가 흔히 잡초라고 부르며 눈길조차 주지 않았던 산야초와 야생화는 사실 우리 선조들이 오래전부터 식용해왔던 중요한 식재료의 하나였으며, 약이 될 만큼 영양이 뛰어난 보약이었다. 특히 우리나라는 사계절이 뚜렷하여 계절마다 각기 다른 맛과 영양성분이 뛰어난 산야초와 야생화가 많이 자란다. 그래서 우리 선조들은 이를 이용하여 떡을 만들어 먹거나 말려서 차와 약으로 마셔왔다.

❶ 삼국시대

　꽃차를 언제부터 마셨는지 정확하게 알 수는 없지만, 신라시대 『삼국유사』의 「가락국기」에 꽃차에 대한 기록이 등장한다. 서기 48년, 당시 16세인 인도의 아유타국 공주 허황옥이 수로왕과 결혼하기 위하여 시종 20명과 함께 금관가야에 도착하였는데, 수로왕이 왕비가 될 허황옥을 맞이하여 난초로 만든 마실 것과 난초를 넣고 빚은 술을 대접하였다고 한다.

❷ 고려시대

和人謝茶(화인사다) 차에 대한 화답

- 대각국사 의천스님(大覺國師 義天, 1055~1101)

露苑春峰底事求(노원춘봉저사구)	이슬동산 봄동산에 무엇을 할까나.
煮花熟月洗塵愁(자화팽월세진수)	달빛 아래 꽃차를 끓이며 세상 걱정 씻도다.
身輕不役遊三洞(신경불역유삼동)	몸은 가벼워 三洞 유람도 힘들지 않고
骨爽俄驚入九秋(골상아경입구추)	뼛속 상쾌함이 갑자기 구월 가을을 맞은 듯 하여라.
仙品便宜鍾梵上(선품갱이종범상)	신선의 품격은 종과 범패소리에 적합하며
淸香偏許酒詩流(천향편허주시류)	맑은 향기는 술과 시를 허락하네.
靈丹誰見長生驗(영단수겸장생험)	단약을 먹고 장생한 것을 그 누구던가.
休向崐臺問事由(휴향곤대문사유)	그 연유를 불문을 향해 말하지 마라.

문종의 넷째 아들인 대각국사 의천은 늘 차를 가까이 하고 지냈는데, 차를 보내 준 사람에게 마음을 담아 시를 지어 고마움을 표시했다.

❸ 조선시대

조선시대 꽃차에 관한 기록을 살펴보면, 권문해(1534~1591)의 『대동운부군옥』에 산다화(동백꽃)차에 관한 내용이 나온다. 또한 선조(1610년)의 명으로 의관 허준(許浚, 1539~1615)이 쓴 『동의보감』에는 감국을 비롯하여 여러 꽃차에 관련된 내용이 나오는데, '감국(甘菊)은 간의 열을 식혀주는 작용이 있다.', '국화차는 몸을 가볍게 하고 늙지 않게 하며 장수하게 한다. 또한 근골을 강하게 하고 골수를 보호하며 눈을 밝게 한다.', '무궁화차는 풍을 다스리고, 꽃가루를 물에 타 마시면 설사를 멈추게 한다.', '목련 꽃차는 특히 호흡기에 좋다.'고 기록되어 있다.

19세기 중엽, 실학자 이규경(李圭景, 1788~1856)의 『오주연문장전산고(五洲衍文長箋散稿)』에 따르면, 사람들이 즐겨 마신 차로 매화차, 국화차, 인삼차, 보리차, 생강귤차 등이 기록되어 있는데, '활짝 핀 감국은 꽃받침을 제거하고 샘물에 넣어 끓인 다음 꿀에 타서 잣을 띄워 마신다.'고 한다. 그 외에도 조선 영조 때 빙허각 이씨가 쓴 『규합총서』에 국화차와 매화차에 관한 내용이 있다. 매화차에 대해 '섣달 지난 뒤에 매화 꽃봉오리를 칼로 따서 꿀이나 소금에 절였다가 여름에 마시면 맑은 향기가 사랑스럽다.'고 기록되어 있다.

❹ 근현대 시대

1924년 출간된 요리책 이용기(李用基)의 『조선무쌍신식요리제법(朝鮮無雙新式料理製法)』에 보면 계화다(桂花茶), 국화다(菊花茶), 매화다(梅花茶), 귤화다(橘花茶)라 하여 여러 꽃차의 음다법과 효능에 대해서 자세하게 설명하고 있다. 『향약대사전』에도 동백꽃차에는 피를 맑게 하고 지혈작용과 어혈을 흩어버리며 종기를 가라앉히는 효능이 있다고 나와 있는 것으로 보아 지식인은 물론 일반인들 사이에서도 꽃차를 다양하게 즐겼음을 알 수 있다.

계화다(桂花茶)

계화는 칠팔월찜 피나니
꽃은 적어서 볼것이 없스나
꽃을 따서 백비탕에 곳너어
조금 잇다 마시면
향기가 입안에 가득하니라.

(3) 결론

기록된 자료에서 알 수 있듯이 우리 선조들은 아주 오래전부터 계절마다 꽃을 이용히여 음식과 차를 만들어 먹고 마셨다. 조선시대에는 삼짇날이나 9월 9일 중앙절에 진달래와 국화전, 국화차를 만들어 먹기도 했지만 꽃을 말려 차로 즐긴 것이 일반적이었다. 서양에서도 아주 오래전부터 꽃을 먹고 음료로도 이용했다. 즉, 꽃은 고대부터 동서고금을 막론하고 우리 인류가 먹어왔던 안전하고 영양성분이 많은 우수한 식물임을 알 수 있다. 최근 꽃차에 대한 관심이 높아지고 꽃차를 즐기는 꽃다인(茶人)이 늘고 있다는 것은 꽃차문화와 건강을 위해서도 매우 바람직한 일이다.

유채

차의 종류

차나무는 동백과, 동백속의 사철 잎이 푸른 다년생 상록수이다. 줄기는 매끄럽고 깨끗하며, 잎은 긴 타원형에 둘레에 톱니가 있고 약간 두터우며 표면에 광택이 있다. 꽃은 9~11월에 피는데 흰색 또는 분홍색이며 꽃잎은 6~8개이다. 일반적으로 '차'라 함은 이 차나무 어린잎으로 만든 차를 말한다.

(1) 색상에 따른 분류

- **녹차**(綠茶) – 용정차, 노조청차
- **백차**(白茶) – 백호은침, 백모단
- **황차**(黃茶) – 군산은침, 곽산항아
- **청차**(靑茶) – 철관음, 동정우롱
- **홍차**(紅茶) – 기문홍차, 다질링홍차
- **흑차**(黑茶) – 보이차, 병차

(2) 찻잎 따는 시기에 따른 분류

찻잎은 채엽 시기가 중요하여 지나치게 잎을 일찍 따면 차의 성품이 완전하지 못하고, 시기를 놓치면 다신(茶神)이 흩어진다 하였다. 곡우 전 5일간이 가장 좋은 때이고, 곡우 후 5일간이 다음 좋은 때이다. 그리고 또 다음 5일간이 좋은 때이며, 이후 5일간이 그 다음이 된다. 우리나라 차는 절기로 보아 곡우 전후는 너무 빠르고 입하 전후가 제일 좋다.

- **우전**(雨前) – 4월 20일 전후로 5일 정도 따는 차
- **세작**(細雀) – 4월 25일부터 5월 5일 사이에 따는 차
- **중작**(中雀) – 5월 5일부터 5월 15일 내지 20일 사이에 따는 차
- **대작**(大雀) – 5월 15일 이후에 따는 차

(3) 발효 정도에 따른 분류

차의 발효(醱酵)란 적당한 온도에서 찻잎의 폴리페놀(Polyphenols)에 찻잎세포의 산화 효소(Oxydase)가 작용하여, 녹색의 엽록소(Clorophyll)가 누런색의 테아플라빈과 자색의 테아루비긴 등으로 변하면서 독특한 향기와 맛을 만들어내는 작용을 말한다. 발효가 많이 된 것일수록 검붉은 색에 가깝고 다탕은 홍색이 진하다. 발효가 적게 된 것은 다탕이 녹황색이나 황금색이다. 녹차는 발효를 막기 위해 찻잎을 따서 시들게 하지 않고 덖거나 쪄서 산화효소가 활성화되지 못하게 한 차이다.

분류	발효	종류	특징
불발효차	10% 미만	녹차 말차	찻잎을 채취한 뒤 바로 증기로 찌거나 덖어 찻잎 속 효소와 산화작용을 억제하여 녹색을 그대로 유지시킨 차. 비타민 C가 많고 색이 곱다. (증제, 부초차)
미발효차	5~15%	백차	특별한 가공 없이 그대로 건조하므로 약간의 발효만 일어난다. 은색의 광택에 맑은 향기가 나고 맛이 산뜻하다. (자연건조)
경발효차	10~25%	황차	녹차의 가공방법에 민황을 첨가한 것. 찻잎을 쌓아두고 균의 활동을 통해 가볍게 발효시킨다. 쓰고 떫은맛이 녹차보다 조금 덜하다. (민황발효)
반발효차	20~70%	청차 우롱차 (오룡차)	햇빛 혹은 실내에서 찻잎을 시들게 하거나 휘저어 섞어줌으로써 찻잎 속에 있는 성분의 일부가 산화되어 향기가 나게 만든 차로, 오래 보관하여도 맛과 향의 변화가 적다. (위조)
발효차	70~95%	홍차	찻잎을 반그늘에 잠시 널어두었다가 실내에서 시들게 한다. 손으로 비벼 잎 속에 들어있는 효소의 활동을 촉진시키고 수분을 증발시켜 건조한 차이며, 탄닌 성분이 강하다. (유념)
후발효차	80% 이상	흑차	효소를 파괴시킨 뒤 찻잎을 퇴적시켜 공기 중에 있는 미생물의 번식을 유도하여 발효시킨 차. 곰팡이 냄새에 약간 역할 수도 있지만, 부드럽고 독특한 풍미가 있다. (미생물 이용)

쌍화당유자

전통차와 대용차

(1) 전통차

전통차란 산다화과에 속하는 차나무의 어린 순이나 잎을 채취하여 찌거나 덖거나 혹은 발효시켜 건조한 후, 우려내어 마시는 것을 말한다. 6대 다류인 녹차, 백차, 황차, 청차, 홍차, 흑차 등이 여기에 속한다. 차에는 작설차, 납전차, 납후차, 우전차, 전차, 말차(抹茶) 등 다양한 종류가 있는 것 같으나, 이것은 차 잎의 채취 시기 또는 가공 방법에 따라 나눈 것이다. 일반적으로는 불발효차인 녹차, 반발효차인 우롱차, 발효차인 홍차로 구분한다.

(2) 대용차

식물의 잎, 꽃, 열매, 뿌리 등을 이용하여 만든 오미자차, 뽕잎차, 우엉차, 국화차, 생강차, 유자차뿐만아니라 커피도 대용차에 속한다. 즉, 차나무 잎으로 만든 차를 제외한 모든 침출차를 '대용차'라 칭한다. 예로부터 우리 조상들은 우리나라 산야에서 나는 풀과 열매 등을 이용하여 '차' 또는 '약'으로 달여 마셨는데, 이러한 대용차들은 다음과 같다.

- **곡차** – 결명자차, 메밀차, 보리차, 옥수수차, 율무차, 현미차 등
- **꽃차** – 국화차, 동백꽃차, 매화차, 모란차, 목련꽃차, 무궁화차, 장미차, 진달래차 등
- **과실차** – 귤차, 진피차, 대추차, 레몬차, 매실차, 모과차, 배차, 석류차, 유자차, 자몽차 등
- **뿌리, 열매차** – 구기자차, 무, 비트차, 생강차, 여주차, 오미자차, 우엉차, 연근차, 칡차 등
- **약차, 잎차** – 감잎차, 당귀차, 뽕잎차, 솔잎차, 쑥차, 연잎차, 오가피차, 인삼차, 쌍화차 등

차의 성분과 효능

(1) 차의 성분과 작용

고대에서 현대에 이르기까지 많은 사람들이 차를 마시는 이유에는 여러 가지가 있겠지만 그 중에서도 으뜸가는 이유는 차의 효능이 '건강'에 도움이 되기 때문일 것이다.

미국 타임(Time)지는 2002년에 '우리 몸에 좋은 열 가지 식품'을 발표했는데, 그 중 하나가 바로 '차'이다. 오늘날처럼 현대의학이 발달한 가운데서도 차는 그 약효를 인정받아 끊임없이 연구되고 있으며, 많은 사람들은 건강을 위해서 꾸준히 차를 마시고 있다.

차는 햇빛, 습도 등의 자연조건과 식물을 채취하는 시기, 제다 방법, 발효 정도, 그리고 보관 상태 등에 따라 성분 함량이 달라진다. 주요 성분으로는 카페인, 탄닌, 질소, 비타민 C, 엽록소 등이 있으며 각성작용, 강심작용, 이뇨작용, 살균작용, 수렴작용, 소염작용, 해독작용, 조혈작용, 치장작용, 탈취작용, 정균작용, 거담작용, 항균작용 등의 효능이 있다.

(2) 차의 효능

차의 약리적 효과는 연구결과를 통해 속속들이 밝혀지고 있다. 찻잎에는 강력한 발암물질의 하나인 아플라톡신의 생성을 억제하는 성분이 들어있어 항암 효과에 좋고, 항산화 물질이 풍부하여 노화를 억제하며, 콜레스테롤 수치를 낮추어 고혈압이나 동맥경화를 예방한다. 혈소판 응집을 저해하여 혈당치를 낮춰주므로 당뇨에도 좋고, 환경호르몬의 영향으로 인한 내분비계의 장애물질을 억제하여 여성들에게 흔한 유방암이나 자궁경부암을 예방한다. 또한 항균·해독 작용으로 체내의 노폐물을 몸 밖으로 배출시켜 신경통이나 류머티즘 등의 통증을 낮게 하고 식중독을 예방하며, 구토, 발열과 복통을 낮게 한다. 불소도 풍부하게 함유되어 있어 충치를 예방하고 입 안의 세균을 없애 치아를 튼튼하게 해준다. 즉, 꾸준히 차를 마신다면 각종 질병예방과 건강유지에 효과적임을 알 수 있다.

연꽃

　단, 차는 조금 찬 성질이 있으므로 손발이 차거나 냉한 체질을 가진 사람은 너무 과하게 마시지 말고 연하게 해서 적당히 마시는 것이 좋다. 잠들기 전에 차를 마시면 카페인으로 인하여 숙면에 방해를 받을 수 있으므로 자기 전에 마시는 것은 피하는 것이 좋고, 위가 약한 사람도 공복에 마시면 탄닌이 위 점막을 자극할 수 있으므로 연하게 마시거나 식사 후 마시는 것이 좋다.

* 몸이 찬 사람은 따뜻한 성질의 홍차나 보이차를 마시면 도움이 된다.

❶ 이목(李穆)의 '다부(茶賦)'

차의 아버지(茶父) 또는 다선(茶仙)이라 부르는 한재(寒齋) 이목(李穆, 1471~1498)은 『다부(茶賦)』에 차의 효능과 차의 5공(五功) 6덕(六德)에 대해서 말하고 있다. 이에 따르면, 차는 등급이 있는데 몸을 가볍게 하는 것이 상품이요, 지병을 없애주는 것이 중품이며, 고민을 달래주는 것이 그 다음 차품(次品)이라 하였다. 이목은 차의 물질적인 측면, 즉 맛이나 효능보다는 정신을 고양시키는 보다 높은 차원에서의 차의 세계를 이야기하고 있다.

차의 7가지 효능(七效)

1. 차 한 잔을 마시니 메마른 창자를 물로 깨끗이 씻어낸 듯하고

2. 두 잔을 마시니 정신이 상쾌하여 신선이 된 듯하고

3. 석 잔을 마시니 병골에서 깨어나 두풍이 없어지고 호연지기가 생겨나고

4. 넉 잔을 마시니 웅장 호방함이 일어나 근심과 분노가 없어지니

5. 다섯 잔을 마시니 색마도 도망가고 식욕도 사라지네.

6. 여섯 잔을 마시니 세상 모든 것이 버석거리는 거적때기에 불과하고, 해와 달이 내 마음속에 있네.

7. 어이하여 일곱째 잔은 반도 채 마시기 전에 울금향 같은 맑은 차 향기 옷깃에 인다.

차의 5가지 공로(五功)

1. 목마른 갈증을 풀어주고
2. 답답한 가슴 속의 울분을 풀어주고
3. 손님과 예를 지키고 정을 돈독하게 하고
4. 뱃속의 중독에 대한 해독으로 소화가 잘 되게 하고
5. 숙취에서 깨어나게 한다.

차의 6가지 덕(德)

1. 오래 살게 하고 덕을 닦게 한다.
2. 병을 낫게 한다.
3. 기운을 맑게 한다.
4. 마음을 편안하게 한다.
5. 신선과 같게 한다.
6. 예의롭게 한다.

❷ 허준의 '동의보감(東醫寶鑑)'

『동의보감』에서는 '차의 성품은 조금 차고, 맛은 달고 쓰며, 독은 없다. 기운을 내리게 하고, 체한 것을 소화시켜 주며, 머리를 맑게 해 주고, 소변을 잘 통하게 한다. 사람으로 하여금 잠을 적게 해주며 또 볼에 입은 화상을 해독시켜 준다.'고 하였다.

(3) 꽃차의 효능

꽃에는 폴리페놀과 플라보노이드가 풍부하여 항산화·항균·면역기능의 활성을 증가시키는데 이는 강력한 면역기능을 발현하는 효과가 있으며, 체내에서 성인병을 유발하는 활성산소를 제거한다. 또한 지질의 산화를 방지하는 역할을 하여 만성염증과 심혈관 질환을 유발하는 원인 물질의 작용을 억제한다. 우리나라 고서인 『수당가화록(隨唐佳話錄)』에 꽃은 부녀자들의 얼굴을 아름답게 해주고 얼굴이 늙지 않게 하는 효과가 뛰어나다고 기록되어 있다. 실제 고대 궁정에서는 이런 이유로 황후, 비빈, 관리, 규수 등이 꽃을 즐겨 먹었다는 기록이 있다. 〈출처:농업진흥청 홈페이지〉

꽃대궐을 이루는 울긋불긋한 꽃의 아름다운 색상은 바로 안토시아닌이 부리는 마술이다. 꽃 속에 많이 들어있는 안토시아닌과 베타카로틴 성분은 우리 몸에 활성산소를 제거하여 혈관을 깨끗하게 해주고, 소염작용으로 만성염증질환이나 관절통증, 관절염 완화에 도움을 준다. 또한 시력 저하를 막아 눈 건강을 튼튼하게 하고 면역력을 강화시켜 준다. 비타민, 식이섬유, 아미노산, 단백질, 아연, 무기질 등이 풍부하게 함유되어 있어 피부미용, 피로회복, 암 억제, 노화 방지, 혈압 조절, 혈관 강화, 염증 제거에 탁월하며 수족냉증, 생리불순 등에도 효과가 좋다. 이렇듯 꽃에는 우리 몸을 건강하게 유지하는 데 필요한 영양성분이 많이 들어 있는데, 특히 항산화물질인 폴리페놀은 과일, 채소보다 10배 이상 많이 들어 있다고 한다.

봄에 나는 목련꽃은 한방에서 '신이화'라 하여 약용으로 쓸 만큼 효능이 좋다. 축농증, 알레르기, 비염, 두통에 좋고 항균작용이 있어 여드름 치료에도 도움이 되며, 특히 꽃가루가 날리고 미세먼지가 많을 때 마시면 좋다. 여름에 맨드라미꽃차는 지혈작용이 있어 월경 과다, 자궁 출혈 등의 자궁 질환을 가진 여성에게 좋고 피부미용, 노화 예방, 갱년기 증상에 효능이 있다. 가을 국화차는 머리를 맑게 해주고 두통, 고혈압을 줄여주며 눈의 피로를 풀어준다. 그리고 신경을 안정시켜 심신을 편안하게 하므로 불면증에 좋다. 잠들기 전에 따뜻한 국화차를 마시면 숙면을 취할 수 있다. 겨울 동백꽃은 항암작용, 강심작용이 있고 피를 맑게 하여 혈관을 튼튼하게 해주며, 리놀레산이 풍부하여 건조한 피부에 보습감을 준다. 따뜻한 차로 마시면 피부미용에 그만이다.

농업진흥청 연구 결과, 식물에서 나오는 천연향은 편안함과 관련된 뇌파를 5%로 증가시키고 심박수는 5% 가량 낮추는 효과가 있는 것으로 밝혀졌다. 이렇듯 꽃차는 현대인들의 지친 몸을 이완하고 심리적 안정을 찾게 하는 데 효과적이다. 각 식물마다 좋은 성분이 있으므로 자신에게 맞는 꽃차를 선택해서 적당히 마시면 혈액순환을 원활하게 하고 근육 및 신경의 작용을 왕성하게 하여 체내 면역력을 높이고 건강을 증진하는 데 도움이 된다. 일단 차를 마시면 몸이 따뜻해지므로 이것만으로도 면역력이 증가한다. 그러니 꽃차 마시기를 생활화하도록 하자.

꽃차의 이해

(1) 꽃의 구조

꽃은 꽃잎, 꽃받침, 암술, 수술로 이루어져 있다.

① **암술** : 맨 위부분의 암술머리와 씨방을 연결하는 긴 빨대처럼 생긴 암술대로 이루어져 있는데 아래쪽
　에 둥근 씨방이 있고, 씨방 안에 밑씨 한 개가 들어있다. 식물에 따라 밑씨가 여러 개 있을 수 있다.

② **수술** : 수술은 수술대와 꽃밥이 있는데, 꽃밥에서 꽃가루를 만들어내고 수술대 끝에 달려 있다. 수술
　은 암술을 둘러싸고 있다.

③ **꽃잎** : 잎이 변해서 된 것으로 암술과 수술을 보호하는 일을 한다. 꽃잎은 다양한 모양과 화려하
　고 아름다운 색깔로 곤충을 유혹한다.

④ **꽃받침** : 꽃봉오리 바깥쪽을 감싸거나 꽃의 아래쪽을 받치면서 꽃을 보호한다.

⑤ **꽃봉오리**(flower bud) : 꽃이 피기 전, 망울만 맺혀있는 것이다.

꽃차는 꽃이 피기 전, 꽃의 풍부한 영양을 그대로 간직하고 있는 꽃봉오리를 이용해 차로 만든다.

(2) 사계절 꽃

'화무십일홍(花無十日紅)'. 즉, 열흘 붉은 꽃은 없다. 꽃은 기다려주지 않는다. 아침에 피었다가 저녁에 지는 것이 꽃이다. 약초는 어느 시기에 채취하느냐에 따라 약효가 달라진다. 꽃도 이와 다르지 않다. 가장 이로운 것은 제 땅에서 난 제철 음식이므로 꽃을 덖는 사람은 계절마다 피고 지는 꽃에 대해서 잘 알고 있어야 그 때를 놓치지 않고 가장 좋은 상태의 꽃을 채취하여 '차'로 만들 수 있다. 단, 요즘은 이상기온으로 제철보다 일찍 혹은 늦게 피는 경우가 있으니 이 점을 유의하길 바란다.

계절	꽃 종류
봄(春) 3~5월	개나리, 고광나무, 골담초, 냉이, 둥글레, 등나무, 매실나무(매화), 메발톱, 명자나무, 모란, 목련, 민들레, 박태기나무, 벚꽃, 병꽃나무, 복숭아나무(도화), 붓꽃, 블루베리, 산사나무, 산수유, 삼지구엽초, 서부해당화, 생강나무, 수수꽃다리, 쑥갓, 아까시, 유채, 으름나무, 작약, 제라늄, 제비꽃, 조팝나무, 쥬리안, 진달래, 찔레꽃, 카네이션, 패랭이, 팬지, 황매화, 해당화
여름(夏) 6~8월	금어초, 금잔화, 능소화, 금계국, 달맞이, 당아욱, 도라지, 맥문동, 맨드라미, 목화, 무궁화, 배초향, 백일홍, 버터플라이피, 섬초롱, 수국, 수레국화, 아마란스, 엉겅퀴, 연꽃, 으아리, 인동꽃, 잇꽃(홍화), 자스민, 장미, 접시꽃, 천일홍, 칡꽃(갈화), 캐모마일, 한련화, 호박
가을(秋) 9~11월	감국, 고마리, 구절초, 국화차, 금화규, 동국, 뚱딴지, 마가렛, 메밀, 맨드라미, 벌개미취, 베고니아, 부용, 분꽃, 산국, 은목서, 쑥꽃, 쑥부쟁이, 차나무꽃, 천일홍, 코스모스, 향유, 해바라기, 황화코스모스
겨울(冬) 12~2월	동백, 수선화

(3) 식용꽃

꽃은 향과 맛, 색감이 뛰어날 뿐 아니라 다양한 효능 덕분에 오래전부터 전세계적으로 차나 술, 음식 등 다양한 방법으로 꽃을 활용해왔다. 반면, 현대에 들어와서는 대량생산 재배와 의학 발달로 인해 음식과 약을 손쉽게 구할 수 있게 되면서 점점 산야초를 멀리해왔다. 그러나 최근 우리생활을 위협하는 중금속, 미세먼지, 스트레스 등 온갖 오염물질과 정신적인 어려움으로 인해 현대인들의 건강에 빨간 신호등이 켜지는 상황이 되면서 그에 대한 대안으로 대체의학이 떠올랐고, 그 중심에서 우리의 산야초와 야생화들이 다시금 조명되고 있다.

보기 좋은 떡이 먹기에도 좋다! 요즘 보기 좋고 맛도 좋은 식용꽃이 활짝 피어 우리의 식탁을 풍성하게 한다. 다양하고 화려한 모양과 색을 지닌 꽃잎은 먹는 이의 시각을 즐겁게 하고, 은은한 꽃향기는 식욕을 자극한다. 꽃잎이 가지고 있는 특유의 단맛과 새콤함은 케이크나 샐러드 등으로 활용하면 달콤함과 상큼함이 배가 된다. 아삭거리는 식감도 미식가들의 입맛을 사로잡는다. 음식에 아름다운 꽃을 올리면서 미적 가치를 높이고 예술로 발전시키고 있다. 이미 젊은 셰프들 중심으로 꽃피자, 꽃파스타, 꽃케이크, 꽃샌드위치 등 다양한 요리들을 선보이고 있고, 꽃차를 이용한 꽃음료를 파는 카페도 점차 늘어나고 있어서 앞으로 식용꽃의 변신은 무궁무진하리라고 본다.

식용 가능(통꽃)	골담초, 국화, 금어초, 금잔화, 납매, 당아욱, 덩굴장미, 뚱딴지, 서양수수꽃다리(라일락), 라벤더, 로즈마리, 루꼴라, 매화, 맨드라미, 메밀, 물망초, 민들레(흰), 보리지, 벚꽃, 베고니아, 베르가모트, 산국, 살구꽃, 스피루리나, 아까시꽃, 알리움후커리, 연꽃, 유채, 원추리(꽃봉오리), 자귀나무꽃, 자스민, 제라늄, 진달래, 차나무꽃, 카네이션, 캐나다박태기, 캐모마일, 피나무꽃, 한련화, 해당화(꽃봉오리), 호프꽃
식용 가능(통꽃, 제한적)	귤나무꽃, 구절초, 금불초, 달개비, 복숭아나무꽃, 붉은토끼풀, 산사나무꽃, 생강나무꽃, 서양고추나물, 인동덩굴(꽃봉오리), 칡꽃(갈화, 꽃봉오리), 향기제비꽃
식용 가능(꽃잎)	동백, 모란, 목련, 무궁화, 백합, 수레국화, 실유카, 장미, 찔레꽃, 해당화, 해바라기, 히비스커스, 히숍
식용 가능(꽃잎, 제한적)	개양귀비
식용 불가(독성 있음)	동의나물, 디기탈리스, 디펜바키아, 삿갓나물, 아이비, 아주까리, 애기똥풀, 은방울꽃, 천남성, 철쭉, 투구꽃, 포인세티아, 할미꽃, 협죽도

* 자세한 내용은 식품안전나라 사이트에서 확인해보기를 권한다.

식용꽃 채취 시 주의할 점

오염되지 않은 깨끗한 청정지역에서 나는 꽃을 구입해야 한다. 길가에 피어있는 꽃이나 매연이 많은 도로변, 공단 주변, 하천변 등에서 핀 꽃은 중금속 수치가 높을 수 있으므로 채취하면 안 된다. 또한 꽃집에서 파는 선물용이나 관상용으로 파는 꽃을 식용하면 절대 안 된다. 식용꽃은 음식이므로 무농약으로 인증된 안전한 꽃을 구입해야 한다. 농약이나 제초제를 뿌리는 농가 근처에서 재배된 꽃도 피하는 것이 좋다. 집안에서 화분으로 키울 때에는 농약을 뿌리지 않고 키운 식용꽃 농장에서 모종을 사서 베란다에서 깨끗하게 키우는 것이 좋다.

현재 식약청에서 먹을 수 있는 꽃과 먹을 수 없는 꽃을 분류해 놓았다. 먹을 수 있는 꽃 중에서도 통째로 먹을 수 있는 것과 꽃잎만 먹을 수 있는 것이 있으므로 꽃을 식용하기 전에 어떤 꽃을 식용할 수 있는지 먼저 알아본다. 제한적이라고 표시된 것은 식용은 가능하지만 제한이 있다. 예를 들면 생강나무는 다류의 원료로만 사용할 수 있고, 구절초는 가공 전 원료의 종량을 기준으로 50% 미만을 사용할 수 있다는 것이다. 기준은 식물마다 다르므로 제한적인 꽃을 사용할 때는 확인을 해보는 것이 좋다.

꽃차 제다 과정

(1) 채취

차는 채취시기에 따라 차의 맛과 향이 달라지므로 꽃을 따는 시기가 매우 중요하다. 그윽한 향기가 나는 좋은 차를 얻기 위해서는 청명하고 맑게 갠 날이 이어지는 날, 이슬이 아침햇살을 받을 때 따는 것이 좋다. 적어도 오전 10시 이전에 따는 것을 권하며, 비가 오거나 흐린 날은 피한다.

(2) 세척, 준비

① **세척** : 꽃술은 알레르기를 유발할 수 있으니 제거한다. 차 재료에 벌레나 알이 묻어 있을 수 있으므로 연한 소금물이나 식초물에 잠시 담가 두었다가 흐르는 물에 여러 번 헹궈내고 물기를 완전히 제거한다.
② **법제물** : 차 재료의 독성과 쓴맛, 매운맛 등을 중화하기 위해 천연감미료인 감초와 대추를 넣고 끓인다.

(3) 위조

차 재료를 실내나 그늘에 두어 시들게 하는 것을 말한다.

(4) 초벌덖음

재료에 따라 덖는 과정이 다 다른데, 이 덖음 과정이 중요하다. 온도가 너무 높으면 차 재료가 타버리고 반대로 너무 낮으면 효소가 산화되어 발효되기 쉽다. 덖음 과정을 통해서 풋내가 없어지고 차맛이 좋아지므로 각 재료에 맞는 제다방법을 익혀 덖는다.

① **저온덖음** : 가정에서 사용하는 전기팬(피자팬)을 이용하여 꽃을 덖는다. 온도조절기를 천천히 돌리면 딸각하며 불이 들어오는 지점이 있다. 이 지점을 F점이라고 한다. 온도를 여기에 맞추면 놓으면 저절로

불이 들어왔다 나갔다 하면서 자동적으로 온도가 조절된다. 이렇게 온도를 F점에 두고 한지나 면포를 깔고 꽃을 올려서 덖는다. 꽃잎의 수분이 빠지고 색이 진해지면 채반에 담아 식힌다.

② **살청** : 차 재료가 산화하지 못하도록 고온에서 덖어 산화효소의 활성을 파괴한다. 이 과정에서 풋내가 제거되고 수분도 적당히 증발된다.

③ **유념** : 양손으로 차를 가볍게 비비거나, 살청한 차를 면포에 싸서 둥글게 움켜쥔 다음 한 손으로 공을 굴리듯이 가볍게 굴리면서 비빈다. 차 재료의 수분함량을 고르게 하고, 차 세포조직을 파괴하고 상처를 내어 재료가 가지고 있는 유용한 성분을 빼내어 차가 잘 우러나도록 하는 과정이다. 비비는 정도에 따라 추출되어 나오는 가용성분의 양에 차이가 나므로 차 재료에 따라 가압을 조절한다.

④ **증제** : 증제를 할 때는 가정에서 사용하는 찜통을 이용해도 되고 덖음팬에 타공판을 올려 증제를 해도 된다. 소금이나 법제물 또는 물을 넣고 찜기에 면포를 깔고 고온(덖음팬 온도 3~5단)에서 끓인다. 김이 오르면 차 재료를 넣고, 차 재료에 따라 1~5분 정도 쪄낸다.

⑤ **열건** : 덖음팬 온도를 F점에 놓고, 타공판을 올린다. 그 위에 꽃을 올리면 직화와 달리 차 재료에 직접 열이 닿지 않으면서 자체 수분으로 쪄서 말리는 과정이다.

⑥ **식힘** : 살청 또는 증제 후에는 부채나 선풍기를 이용하여 빠르게 열기를 빼준다.

(5) 건조

대나무 채반이나 멍석에 널어 바람이 잘 통하는 곳이나 햇볕에 두고 건조한다.

(6) 중온덖음

덖음팬 온도를 1~2단으로 올리고 꽃을 덖는다. 혹시나 있을지 모를 꽃 속의 유충이나 균을 살균하고 꽃차의 향과 맛을 더해주어 차의 품질을 높여주기 위하여 중온 또는 고온에서 덖어 준다. 수분이 거의 제거되어 꽃이 까슬까슬해지면 꺼내어 식힌다.

(7) 수분체크

① 한지를 깔고 저온에서 30분~1시간 그대로 두어 수분을 날린다. 휴지기, 숙성과정이다.
② 뚜껑을 덮는다. 뚜껑에 김이 서리면 바로바로 물기를 닦아준다. 10분간 김이 서리지 않으면 온도를 올려 한 번 더 잔여 수분이 있는지 확인하고 더 이상 수분이 올라오지 않으면 마무리한다.

(8) 보관법

차는 햇볕에 노출되면 산화되어 갈변되기 쉽다. 따라서 완성된 꽃차는 소독한 병에 방습제도 함께 넣어 밀봉한 후 서늘하고 습기가 없으며 통풍이 잘되는 곳에 두고 보관한다. 차도 음식이므로 개봉한 다음에는 빠른 시일 내에 섭취하고 장마철이나 습기에 노출되었을 때는 다시 한 번 덖어서 수분을 날려준다.

(9) 차 우리기

① **찻물** : 중국 속담에 '물은 차의 어머니'란 말이 있을 정도로 물에 따라 차의 풍미가 달라진다. 물에는 경수(센물)와 연수(단물)가 있는데, 이는 미네랄 성분 중 칼슘과 마그네슘을 얼마나 많이 함유하고 있는지에 따라 나누는 것이다. 찻물로는 연수가 좋다. 연수로 차를 우리면 수색은 조금 연해지는 대신 떫은맛과 향이 강해진다. 우리나라 경우 연수에 해당되기 때문에 수돗물을 사용하면 되지만 하루 정도 물을 받아두어 불순물을 가라앉히고 윗물을 사용하면 좋다. 시판되는 물을 사용해도 된다. 정수기 물은 온도가 낮으므로 찻물로 적합하지 않다.
② **물 끓이기** : 주전자에 물을 넣고 팔팔 끓인다. 꽃차는 뜨거운 물을 부어야 꽃이 피어나고 수색이 선명해지며, 꽃차의 유효성분이 잘 우러난다.
③ **세차** : 다관에 차를 넣고 뜨거운 물을 부어서 차를 한번 헹구듯 먼지와 이물질을 씻어낸 뒤, 다관을 따뜻하게 데워 준다.

④ **우리기** : 세차 후 다시 뜨거운 물을 부어 2~5분간 우려서 마신다. 물을 부을 때는 물줄기를 고르게 하여 원을 그리듯이 빙빙 돌리면서 부어주면 꽃들이 회전하면서 중앙으로 모여 차 맛과 향을 더 높여 준다. 드립포트를 이용하면 좋다. 우리는 시간은 재료의 특성에 따라 또 다관의 크기와 차의 양에 따라 달라질 수 있으므로 마시는 이의 취향에 따라 적당하게 조절해서 마신다. 꽃차는 2~3번 더 우려 마실 수 있다.

⑤ **냉침법** : 아래와 같은 방법으로 차를 우려내면 여름철 시원한 음료로 마실 수 있다.

• 유리컵에 꽃차 2~5g 정도를 넣고 생수 500ml를 부어 냉장실에서 10시간 정도 우린다.
• 유리컵에 꽃차 2~5g을 넣고 뜨거운 물을 150ml 부어 2~3분 우렸다가 생수 200ml와 얼음을 넣고 시원하게 마신다.

(10) 음용

꽃차는 오감으로 즐기는 차이다. 찻물이 끓어오르는 소리와 찻물 붓는 소리에 귀를 기울이고, 다관에서 화려하게 때로는 소박하게 피어오르는 꽃과 수색을 눈으로 먼저 즐기며, 찻물을 타고 올라오는 향기를 코로 마신다. 그 다음 두 손으로 찻잔을 감싸고 따스한 기운을 느끼면서 한 모금씩 천천히 음미하며 차를 즐긴다.

팬지

제다도구와 다기

(1) 덖음팬

① **전기팬** : 가정에서 흔히 사용하는 전기팬(피자팬)으로 차를 덖으면 온도조절이 용이하고 보관도 쉽다. 꽃차를 덖을 때 일반적으로 가장 많이 사용하는 팬이다. 팬을 구입할 때는 열건이나 증제할 때 필요한 타공판이 있는 것과 뚜껑이 유리전체로 된 것을 구입하는 것이 좋다.

② **무쇠팬** : 가정에서 사용하는 무쇠 프라이팬이 있으면 사용하면 좋다. 초보자들은 불 조절이 어려울 수 있으나 여러 번 덖다 보면 요령이 생긴다. 원래 차는 두꺼운 솥에서 덖으면 태우지 않고 온도 조절하기가 쉽다.

③ **옹기팬** : 열기가 골고루 전달되고, 오래 지속되는 장점이 있다.

   * 어떤 팬을 사용하든 상황에 맞게 선택하면 되지만, 차를 덖는 팬은 반드시 차만 덖어야 한다. 음식을 만들던 팬으로 차를 덖으면 차에 음식냄새가 배어 잡내가 날 수 있으므로 차만 덖는 전용팬을 따로 두어야 한다.

| 전기팬 | 무쇠팬 | 옹기팬 |

(2) 면포, 한지

① **광목천** : 면포 위에 꽃을 올려 덖기 때문에 화학약품이나 염색처리하지 않은 자연소재 그대로의 깨끗한 광목천을 준비한다. 덖은 꽃을 식힐 때나 유념할 때도 면포가 필요하다.

② **식품용 한지** : 열에 약한 꽃을 덖을 때에 한지를 여러 장 깔고 덖는다. 한지는 일반 한지가 아닌 식품용 한지를 사용한다.

광목천

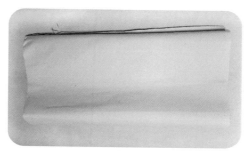

식품용 한지

(3) 대나무 집게

꽃잎에 상처가 나지 않도록 꽃을 뒤집거나 덖을 때는 집게를 사용한다. 수분이 많이 제거되면 꽃잎이 바스라지기 쉽다. 대나무 집게는 꽃차용과 잎차용이 있다.

대나무 집게

(4) 멍석

유념할 때 사용한다.

멍석

(5) 대나무 채반

덖은 꽃을 담아 식힐 때 사용한다.

대나무 채반

(6) 유리병

완성된 꽃차를 병에 담아 밀봉한다. 병은 반드시 뜨거운 물에 삶아 소독하고 물기를 완전히 말린다.

유리병 소독

(7) 차시

찻잎을 뜨는 숟가락을 말한다.

차시

(8) 다관

차를 우리는 주전자, 그릇이다.

① **유리다관**：꽃차는 눈으로 즐기는 차이므로 아름다운 꽃이 물줄기를 따라 피어오르는 모습과 수색을 감상할 수 있는 투명한 유리다기가 애용된다. 끓는 물을 사용하기 때문에 내열유리여야 한다.

② **도자기다관**：차를 따를 때 찻물이 새거나 흘러내리지 않는 것이 좋다. 일반적으로 차를 우릴 때 가장 많이 사용하는 것은 도자기로 만든 다관이다. 도자기 특유의 운치와 따뜻함도 있지만 온도를 일정하게 유지시켜 주고 열 보존율이 좋아 시간이 지나도 차를 따뜻하게 마실 수 있다.

유리다관

도자기다관

블루베리잎

작약

동백

산수유

2부

오감으로 음미하는 꽃차

감국꽃차
가을 꽃
(Chrysanthemum Flower)

간기능 활성화, 피부미용, 숙면 등에 좋은 꽃차

감국은 국화과의 여러해살이풀로 높이는 30~60cm이며, 잎은 어긋나고 깃 모양으로 갈라진다. 10~11월에 노란 두상화가 가지 끝에 모여 핀다. 길가나 산기슭에서 자라며 주로 한국, 중국 등지에 분포한다. 꽃잎을 씹으면 단맛이 난다고 하여 감국이라 하고, 꽃 색깔이 노란색이라서 황국(黃菊)이라고 부르기도 한다. 어린잎은 나물로 먹고, 10월에 꽃을 말려서 술을 만들어 먹는다. 산국과 감국은 모양이 비슷하여 구별하기 어려운데 감국 줄기는 갈색이고, 산국은 줄기가 녹색이다.

歎庭前甘菊花(탄정전감국화)	뜰앞의 감국을 보고 탄식하다
	－ 두보(杜甫)
簷前甘菊移時晚 靑蘂重陽不堪摘	처마 앞 감국 옮길 시기를 놓쳤더니
(첨전감국이시만 청예중양불감적)	꽃술이 파래 중양절에도 꺾지 못하네.
明日蕭條盡醉醒 殘花爛熳開何益	내일 아침 찬 날씨에 술에서 깨어나면
(명일소조진취성 잔화난만개하익)	남은 꽃 가득 피어난들 무슨 소용있겠는가.
籬邊野外多衆芳 採擷細瑣升中堂	들 밖 울타리 주변에 온갖 꽃 향기로우니
(이변야외다중방 채힐세쇄승중당)	가늘고 잔 꽃을 꺾어 대청으로 올리네.
念玆空長大枝葉 結根失所纏風霜	이 감국은 공연히 가지와 잎만 무성하여
(염자공장대지엽 결근실소전풍상)	뿌리 잃고 풍상에 시달릴까 저어되지.

감국	
학명 Chrysanthemum indicum L.	**원산지** 한국, 중국, 일본
과명 국화과	**꽃말** 가을의 향기
생약명 야국화(野菊花), 고의(苦薏), 의화(薏花), 야황국(野黃菊)	**효능** 『동의보감』에 감국은 '몸을 가볍게 하고 늙지 않게 하며 장수하게 한다. 근골을 강하게 하고 눈을 밝게 한다.'고 기록되어 있다. 간 기능 활성화, 혈류작용, 피부미용, 숙면 등에 도움이 된다.
성미 조금 차고 맛은 맵고 쓰다.	
개화시기 10~11월	
식용·약용 꽃	

감국꽃차 제다 과정 ✿

1. 세척, 손질

반쯤 핀 감국을 채취하여 줄기와 잎을 떼어내고 흐르는 물에 씻어 물기를 뺀다. **법제물** 대추 300g, 감초 슬라이스 5쪽, 물 2L

2. 증제, 건조

① 찜통에 법제물을 넣고 찜기 위에는 면포를 깐 뒤 김이 오르면 감국을 3분 정도 찐다.

② 증제한 감국은 소쿠리에 담아 부채를 이용하여 빠르게 식혀주고 건조한다.

3. 중온덖음

① 온도를 조금 올리고 교반하면서 덖어준다.

② 덖음한 다음에 소쿠리에 담아 식혀준다.

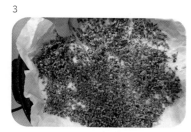

4. 수분체크

① 한지를 깔고 저온에서 1~2시간 그대로 두어 수분을 날린다.

② 뚜껑을 덮는다. 김이 서리면 뚜껑을 열어 바로바로 물기를 닦아준다. 10분간 김이 서리지 않으면 온도를 올려 잔여 수분을 확인하고 더 이상 수분이 올라오지 않으면 마무리를 한다. 소독한 병에 담아 밀봉 보관한다.

꽃차 우리기

다관에 감국꽃차 6~7송이를 넣고 세차한 후 다시 뜨거운 찻물을 부어 1~2분 정도 우려서 마신다. 가을을 부르는 짙은 감국향기와 맑은 차 맛이 참 행복하다.

개나리꽃차
(Golden Bell)

소염작용, 신장, 염증질환에 좋은 꽃차

*개나리꽃*은 봄을 알리는 대표적인 봄꽃이다. 쌍떡잎식물로 병충해와 추위와 건조에 잘 견디므로 우리나라 전국에서 나며 울타리용이나 정원수로 많이 심는다. 높이는 3m 내외이고 가지는 밑으로 처지며 4월에 잎겨드랑이에서 노란색 꽃이 1~3개씩 핀다. 꽃받침은 4갈래이며 녹색이다. 꽃은 이른 봄 잎이 나기 전에 노랗게 핀다. 한방에서는 말린 개나리 열매를 '연교'라 하여 약재로 쓰기도 한다. 나리에 '개-'가 붙은 것으로, 나리꽃과 비슷하지만 나리가 아니라는 의미에서 이름이 유래되었다고 한다.

개나리 이야기

여덟 살 개나리는 어머니, 남동생과 함께 살고 있었는데, 어머니가 유복자를 낳다 쓰러지자 갓 태어난 아기와 동생, 어머니를 위해 바가지를 들고 동냥을 나섰다. 하루는 개나리를 불쌍히 여긴 노인이 자기가 먹을 밥을 담아주었다. 개나리가 집에 돌아와 죽을 끓이기 위해 밥솥을 닦고 보니 옆에 있던 남동생이 어느새 혼자 밥을 다 먹어치우고 빈 바가지만 들고 서 있었다. 개나리는 바닥에 주저앉아 울다가 추위에 떨고 있는 젖먹이와 어머니를 위해 불이라도 피워야겠다고 생각해 이엉을 한아름 뽑아 와서 불을 지폈다. 집안에 온기가 돌자 모두 배고픔도 잊은 채 잠이 들었다. 그런데 그만 아궁이의 불이 점점 옮겨 붙어 활활 타오르다가 오두막집을 집어 삼키고 말았다. 추운 겨울이 지나가고 봄이 오자 개나리 집터에 노란 꽃나무가 자라났다. 마을 사람들은 불쌍하고 가련한 개나리 식솔들이 꽃으로 태어난 것이라 하여 '개나리'라 불렀다고 한다.

개나리꽃	
학명 Forsythia koreana	**식용·약용** 꽃, 잎, 열매(9~10월)
과명 물푸레나무과	**원산지** 한국
생약명 연교(連翹), 황수단(黃壽丹), 대교자(大翹子)	**꽃말** 희망, 기대, 달성
성미 약간 차고 쓰다.	**효능** 해열, 해독, 이뇨·항균·소염 작용 등을 하며, 신장이
개화시기 4월	나 염증질환에 효과가 있다.

개나리꽃차 제다 과정 ❋

1. 세척, 손질

이른 아침 꽃망울을 채취한다. 가지에 따닥따닥 붙어있는 꽃망울을 일일이 따서 흐르는 물에 잘 씻어 물기를 거둔다.

2. 초벌, 건조

덖음팬 온도를 저온으로 하고 한지 두 장을 깔아 준다. 열에 약하고 꽃잎이 얇아 타기 쉬우므로 대나무 집게를 이용하여 재빨리 덖어 낸다. 덖은 꽃을 소쿠리에 담아 식힌다. 반복한 후 건조한다.

3. 중온덖음

중온에서 한지를 깔고 교반하면서 덖어준다. 재빨리 덖음한 다음 소쿠리에 담아 식힌다.

4. 수분체크

① 한지를 깔고 저온에서 30분~1시간 그대로 두어 수분을 날린다.

② 뚜껑을 덮고, 수분이 올라오면 뚜껑을 열어서 바로바로 물기를 닦아준다. 10분간 수분이 올라오지 않으면 온도를 올려서 잔여 수분을 확인한다. 더 이상 수분이 올라오지 않으면 마무리를 한 뒤 소독한 병에 담아 밀봉 보관한다.

꽃차 우리기

다관에 개나리꽃차 한 스푼 넣고 100℃의 뜨거운 찻물을 부은 뒤 2~3분 정도 우려서 마신다. 연노란빛 수색에서 상큼한 꽃망울이 톡톡 터진다.

봄꽃 고광나무꽃차
(Mock Orange)

통증 완화, 신경계통, 이뇨에 좋은 꽃차

*고광나무*는 우리나라 각처의 골짜기에서 자라는 낙엽 관목이다. 내건성과 내한성이 좋아 노지에서 월동한다. 크기는 2~4m 가량이고 작은 가지에는 털이 조금 있다. 긴 꽃대에 여러 개의 꽃들이 흰색으로 달리고 꽃잎은 4장이다. 순백색의 꽃은 아름답고 기품이 있으며 향기도 좋아서 관상용으로 많이 심는다. 어린잎은 식용하는데 상큼한 오이 맛이 나서 오이순이라고도 한다. 고광나무라는 이름은 고광나무의 꽃이 흰색으로 그 화색이 밝아 멀리서도 알아 볼 수 있다는 뜻에서 붙여진 이름이다. 또 다른 한 가지 설에 따르면, 멀리 보이는 외로운 빛이라는 뜻을 가진 孤(외로울 고), 光(빛 광)에서 유래되었다고 한다.

卜算子(복산자) 雪月最相宜(설월최상관)

－ 장효상(張孝祥, 1132~1170, 남송의 시인)

雪月最相宜(설월최상관)	눈과 달은 가장 잘 어울리고
梅雪都淸絶(매설도청절)	매화와 눈은 모두 너무도 맑네.
去歲江南見雪時(거세강남견설시)	지난해 강남에서 눈을 볼 때는
月底梅花發(월저매화발)	달 아래 매화가 피었지.
今歲早梅開(금세조매개)	올해도 이른 매화가 피었고
依舊年時月(의구년시월)	작년 그때처럼 달도 떴네.
冷豔孤光照眼明(냉염고광조안명)	차가운 매화 고고한 달 눈에 환한데
只欠些兒雪(지흠사아설)	다만 눈이 없는 게 조금 흠이네.

고광나무꽃	
학명 schrenckii	**식용·약용** 꽃, 열매
과명 범의귀과	**원산지** 한국
생약명 동북산매화(東北山梅花)	**꽃말** 기품, 품격
성미 평범하고 맛은 달다.	**효능** 열을 내리고 부기를 가라앉히며, 통증을 줄여준다. 신경계통, 이뇨에 좋다.
개화시기 4~6월	

고광나무꽃차 제다 과정 ✿

1. 세척, 손질

막 피어난 싱싱한 꽃을 채취하여 꽃만 잘 분리하여 깨끗이 씻어둔다. 꽃대를 남겨 모양을 내어도 좋다.

2. 초벌덖음

덖음팬에 한지를 깔고 꽃잎이 아래를 향하게 가지런히 올린다. 저온에서 덖는다. 꽃잎이 얇고 온도에 민감하므로 대나무 집게를 이용하여 바로 뒤집으면서 덖는다. 덖은 꽃은 소쿠리에 담아 식힌다. 덖음과 식힘을 반복한다.

3. 중온덖음

온도를 조금 올리고 교반하면서 덖어준다. 덖음한 뒤, 채반에 담아 식힌다.

4. 수분체크

① 한지를 깔고 저온에서 30분~1시간 그대로 두어 수분을 날린다.

② 뚜껑을 덮고, 수분이 올라오면 뚜껑을 열어서 바로바로 물기를 닦아준다. 10분간 수분이 올라오지 않으면 온도를 올려서 잔여 수분을 확인한다. 더 이상 수분이 올라오지 않으면 마무리를 한 뒤 소독한 병에 담아 밀봉 보관한다.

꽃차 우리기

다관에 고광나무꽃차 차시로 한 스푼을 넣고 100℃의 찻물을 부어 꽃을 헹구어 낸 뒤, 다시 물을 부어 2~3분 정도 우려서 마신다. 달빛이 꽃잎에 내려와 하얗게 반짝인다.

고마리꽃차
(Thunberg's Smartweed)

소화불량, 류머티즘, 지혈에 좋은 꽃차

*고마리*는 한해살이풀로 우리나라 각지의 들이나 냇가에서 자란다. 높이는 30~100cm이고, 옆으로 기면서 자라며 줄기에는 밑으로 향한 거친 가시들이 나 있다. 꽃은 가지 끝에 연분홍색 또는 흰색 꽃이 10~20개씩 뭉쳐서 달린다. 줄기에 까실까실한 가시가 있다. 예전 시골에서는 고마리를 뜯어서 소에게 먹이기도 하고, 돼지에게도 주었는데, 돼지가 좋아하는 풀이라 하여 '돼지풀'이라 부르기도 했다. 한방에서는 '고교맥(苦蕎麥)'이라 하여 약재로 쓴다. 어린 풀은 먹고 줄기와 잎을 지혈제로 쓴다.

고마리의 유래

'고마리'는 고만이, 꼬마리, 조선꼬마리, 줄고만이, 큰꼬마리 등 여러 이름이 있다. 고마리라는 이름의 유래는 나쁜 환경에도 무성하게 퍼져나가니 '이제 고만 되었다.'고 하는 데서 비롯되었다는 설과 오염된 땅이나 수질을 정화시키는 작용이 뛰어나 사람들이 고마운 풀이라고 하다가 고마리가 되었다는 설, 가장자리 모서리(고샅)를 뜻하는 '고'와 심마니와 똘마니 같이 사람을 가리키는 뜻인 '만이' 또는 '만'과의 합성어로 '고만이'가 되었다는 설 등 여러 유래가 있다.

고마리꽃	
학명 Persicaria thunbergii	**식용·약용** 꽃, 잎, 줄기, 뿌리
과명 여뀌과	**원산지** 한국
생약명 고교맥(苦蕎麥)	**꽃말** 꿀의 원천
성미 성질은 평하고 맛은 쓰다.	**효능** 눈 건강, 시력 증진, 위장, 소화불량, 류머티즘, 지혈에 효과가 있다.
개화시기 8~10월	

고마리꽃차 제다 과정

1. 세척, 손질

개울가나 습한 곳을 좋아하는 꽃이므로 소금물에 잠깐 담가두었다가 깨끗이 씻어서 물기를 빼고 차를 덖는다. 고마리 꽃만 따서 예쁘게 차로 만들어도 좋지만 줄기와 잎을 깨끗이 손질하여 같이 덖어본다.

2. 초벌덖음

덖음팬 온도를 저온으로 하고 면포를 올려서 고마리 꽃을 덖는다. 자주 뒤집지 말고 한 번씩 위아래를 섞어준다는 느낌으로 그대로 둔다. 1시간 정도 지난 후 대나무 채반에 담아 식히고 바람이 잘 통하는 곳에 두고 건조한다.

3. 중온덖음

온도를 조금 올리고 교반하면서 덖은 다음 식힌다.

4. 수분체크

① 한지를 깔고 저온에서 30분~1시간 그대로 두어 수분을 날린다.

② 뚜껑을 덮고, 수분이 올라오면 뚜껑을 열어 바로바로 물기를 닦아준다. 10분간 수분이 올라오지 않으면 온도를 올려 잔여 수분을 확인하고 더 이상 수분이 올라오지 않으면 마무리를 한다. 소독한 병에 담아 밀봉 보관한다.

꽃차 우리기

다관에 고마리꽃차 한 차시를 넣고 100℃의 찻물을 부어 꽃을 헹군 뒤 다시 물을 부어 2~3분 정도 우려서 마신다. 작은 꽃들이 송이송이 달려 있는 귀엽고 앙증맞은 모양과는 달리 수색은 얌전한 연분홍빛이라 귀여운 신부처럼 사랑스런 고마리꽃차~

골담초꽃차
(Chinesepeatree)

관절염, 골절 등 각종 뼈 질환, 신경통에 좋은 꽃차

골담초는 옛날 시골에서 집집마다 심고 활용했던 가정의 주치의였다. 사람들은 옛부터 나무 이름을 지을 때 쓰임새나 모양 등을 많이 생각해서 이름을 붙여 왔다. 골담초(骨擔草)가 그렇다. 뼈를 다스린다는 뜻으로 골담초라고 부르게 되었다고 한다. '초(草)'라는 글자 때문에 풀로 오인하는 경우가 많은데 골담초는 콩과에 속하는 다년생 낙엽활엽관목이며 한방에서 뿌리를 금작근, 꽃은 노란색의 얼굴 모양이 새를 닮았다고 해서 금작화라는 약명으로 사용한다. 잎과 꽃이 특이하고 아름다우며 크게 자라지도 않으니 좁은 공간에서도 키울 수 있다.

골담초꽃의 전설

『택리지』에는 일찍이 의상대사가 부석사를 창건한 후 도를 깨치고 서역 천축국(인도)으로 떠날 때 지팡이를 꽂으면서 '지팡이에 뿌리가 내리고 잎이 날 터이니 이 나무가 죽지 않으면 나도 죽지 않은 것으로 알라.'고 했다는 내용이 나오는데 그 나무가 바로 선비화(골담초)라 한다. 아기를 못 낳는 부인이 이 선비화의 잎을 삶아 그 물을 마시면 아들을 낳는다는 속설이 내려와 너나 할것없이 나뭇잎을 마구 따가는 바람에 나무가 많이 훼손되었다고 한다. 높이 170cm, 뿌리 부분 굵기 5cm 정도밖에 되지 않지만 수령이 최소 500년에 이른다고 알려진 부석사의 선비화는 현재 철책으로 둘러싸여 보호되고 있다.

골담초꽃	
학명 Caragana sinica	**원산지** 중국
과명 콩과	**꽃말** 겸손, 청초
생약명 골담근(骨擔根), 금작근(金雀根), 토황기	**효능** 골담초는 뼈 질환을 담당하는 약초로 관절염, 신경
성미 성질은 평하고 맛은 맵고 쓰다.	통, 고혈압에 좋고, 타박상이나 골절치료에도 좋다.
개화시기 4~5월	또한 여성들의 대하증이나 생리통을 완화시켜주며 빈
식용·약용 꽃, 잎, 뿌리	혈 증상에도 도움이 된다.

골담초꽃차 제다 과정 ❀

1. 채취, 손질

골담초는 가지에 가시가 있으므로 조심하면서 가지에 달린 꽃만 딴다. 연한 소금물에 가볍게 한 번 씻은 뒤, 깨끗한 물에 헹구어 물기를 뺀다.

2. 증제, 건조

전기팬에 물을 넣고 소금 1ts을 넣고 끓어오르면 찜기팬에 면포를 깔고 꽃을 올려 1~2분 찐다. 대나무 채반에 담아 바람이 잘 통하는 곳에서 건조한다.

3. 중온덖음

한지를 깔고 중온에서 교반하면서 덖은 다음 식힌다.

4. 수분체크

① 한지를 깔고 저온에서 30분~1시간 그대로 두어 수분을 날린다.

② 뚜껑을 덮고, 수분이 올라오면 뚜껑을 열어 바로바로 물기를 닦아준다. 10분간 수분이 올라오지 않으면 온도를 올려서 잔여 수분을 확인하고 더 이상 수분이 올라오지 않으면 마무리를 한다. 소독한 병에 담아 밀봉 보관한다.

꽃차 우리기

다관에 골담초꽃차 한 차시를 넣고 뜨거운 물을 끓여 첫물은 세차하고 다시 물을 부어 2~3분 정도 우려서 마신다. 골담초의 달콤한 차 한 모금에 몸에 쌓인 피로가 사르르~

구절초꽃차
(Chrysanthemum)

가을꽃

생리불순, 부인병, 수족냉증 등에 좋은 꽃차

구절초는 구일초(九日草), 선모초(仙母草)라고도 부른다. 국화과에 딸린 여러해살이풀로 우리나라 산야 어느 곳에서도 볼 수 있는 자생식물이다. 9~11월에 가지 끝마다 연한 분홍색 또는 흰색의 꽃이 핀다. 구절초의 이름은 아홉 번 꺾이는 풀, 또는 음력 9월 9일에 꺾는 풀이라는 뜻에서 유래하였다. 마디마디 꽃으로 피어나는 구절초(九節草)는 우리나라 이름이다. 중국에서는 산국(山菊), 일본은 조선국(朝鮮菊)이라 부른다. 가을에 산과 들에 핀 감국, 산국, 쑥부쟁이, 벌개미취 등의 국화과 식물을 총칭하여 '들국화'라고 부르기도 한다.

국화꽃을 따며

- 도연명(365~427, 중국)

호젓한 곳에 오두막을 짓고 사니
요란한 말과 수레소리가 없다네.
그대에게 묻노니 왜 이러한가?
마음 멀리하니 사는 곳 궁벽해서라네.
동쪽 울타리에서 국화꽃을 따며

할 일 없이 남산을 바라보니
산기운 저녁햇살에 아름답고
나는 새들은 둥지로 돌아오네.
이 가운데 참다운 삶의 뜻 있으니
말을 하려해도 할 말 잊었다네.

구절초꽃	
학명 Chrysanthemum zawadskii var. latilobum	**식용·약용** 꽃, 잎, 뿌리
과명 국화과	**원산지** 한국
생약명 구절초(九節草), 구절초(九折草)	**꽃말** 순수, 어머니의 사랑, 우아한 자태
성미 따뜻함과 차가운 성질을 동시에 가지며 맛은 맵고 쓰다.	**효능** 생리통, 생리불순, 부인병, 수족냉증 등에 좋다.
개화시기 9~11월	

구절초꽃차 제다 과정 ❊

1. 세척, 손질

새벽이슬 머금은 신선한 꽃을 채취해서 깨끗이 손질한다. 물 2L에 감초10g, 대추5~6개를 넣고 약한 불에서 약 2~3시간 감초물이 반으로 줄어들 때까지 끓인다.

2. 증제, 건조

덖음팬 온도를 고온으로 하고 법제물을 자작하게 붓는다. 찜기팬에 꽃술을 위쪽으로 하여 올리고, 2~3분 정도 증제하여 꽃 색을 투명하고 맑게 되도록 한다. 대나무 채반에 담아 바람이 잘 통하는 곳에 두고 건조한다.

3. 중온덖음

덖음팬에 면포를 깔고 교반하면서 꽃을 덖은 다음 식힌다.

4. 수분체크

① 면포를 깔고 저온에서 30분~1시간 그대로 두어 수분을 날린다.

② 뚜껑을 덮고, 수분이 올라오면 뚜껑을 열어 바로바로 물기를 닦아준다. 10분간 수분이 올라오지 않으면 온도를 올려서 잔여 수분을 확인하고 더 이상 수분이 올라오지 않으면 마무리를 한다. 소독한 병에 담아 밀봉 보관한다.

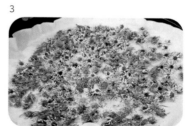

꽃차 우리기

가을하늘 닮은 청초한 구절초꽃 3~5송이를 다관에 넣고 100℃의 찻물에 한 번 헹군 뒤 다시 물을 부어 2~3분 정도 우려서 마신다. 구절초는 쓴 맛이 강하므로 오래 우리지 않는다. 향긋한 구절초 한 잔에 가을이 맛있게 익어간다.

금계국꽃차

여름꽃
(Golden Wave)

혈액순환, 어혈 제거, 소염 등에 좋은 꽃차

금계국은 북미 원산의 여러해살이식물로 높이는 30~100cm정도이며 황색 꽃이 핀다. 꽃대는 가늘고 길며 그 끝에 두상화가 핀다. '꽃길조성사업'으로 금계국 종류를 국도변에 많이 심어서 국도변 어디에서나 금계국을 쉽게 볼 수 있다. 큰 금계국은 꽃향기가 진해서 여기저기서 벌과 나비들이 찾아든다. 노란 코스모스와 생김이 비슷하고 무리지어 핀다.

국화(菊花)

- 남명 조식(1501~1572, 조선 중기 학자)

三月開花錦作城(삼월개화금작성)

如何秋盡菊生英(여하추진국생영)

化工不許霜凋落(화공불허상조락)

應爲殘年未盡精(응위잔년미진정)

삼월에 꽃을 피워 비단으로 성을 이루는데

국화는 어이하여 가을이 다 하여야 꽃을 피우나.

하늘의 조화가 서리에 시들어 떨어지는 것을 허락하지 않은 것

응당 얼마 남지 않은 세월의 못 다한 정 때문이겠지.

금계국		
학명 Coreopsis drummondii	**식용·약용** 꽃, 줄기	
과명 국화과	**원산지** 북아메리카	
생약명 전엽금계국(全葉金鷄菊)	**꽃말** 상쾌한 기분	
성미 성질은 평하고 맛은 맵다.	**효능** 혈액순환, 어혈 제거, 소염, 부종 완화, 청열, 해독 효능이 있다.	
개화시기 6~9월		

금계국꽃차 제다 과정 ❋

1. 세척, 손질
갓 피어나는 꽃을 채취하여 줄기를 떼어내고 깨끗이 손질하여 세척하고 물기를 뺀다.

2. 증제, 건조
찜통에 면포를 깔고 꽃잎이 아래를 향하게 꽃을 가지런히 놓고 분무기에 소금물(물, 소금 약간)을 넣어 스프레이 해주면서 증제한다. 대나무 채반에 담아 반나절 건조한다.

3. 중온덖음
면포를 깔고 덖은 다음 식힌다.

4. 수분체크
① 한지를 깔고 저온에서 30분~1시간 그대로 두어 수분을 날린다.

② 뚜껑을 덮고, 수분이 올라오면 뚜껑을 열어 물기를 닦아준다. 10분간 수분이 올라오지 않으면 온도를 올려서 한 번 더 잔여 수분을 확인하고 더 이상 수분이 올라오지 않으면 마무리를 한다. 소독한 병에 담아 밀봉 보관한다.

꽃차 우리기
다관에 금계국 꽃차 3~5송이를 넣고 100℃의 찻물을 부어 꽃을 헹구어 낸 뒤 다시 물을 부어 2~3분 정도 우려서 마신다. 햇볕과 바람이 키워낸 금계국의 꽃향기가 솔솔~~

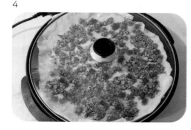

금어초꽃차
(Snap Dragon) 여름꽃

소염 및 이뇨 작용, 통증 완화에 좋은 꽃차

금어초는 한 해 또는 두해살이풀로 지중해 연안이 원산지이며 관상용으로 재배한다. 로마 시대부터 재배되어 온 초화로 높이는 20~80cm 정도 자라고, 잎은 어긋나거나 때로는 마주 나며 갸름한 칼 모양이다. 꽃 모양이 헤엄치는 금붕어와 비슷하다고 하여 금어초라 한다. 영문명은 snap dragon인데 용머리 모양으로 생겼다고 해서 붙여진 이름이다. 추위에 강하여 가을에 씨를 뿌린 것은 4~5월에, 봄에 뿌린 것은 5~8월에 꽃이 피며, 흰색, 황색, 진홍색, 오렌지색 등 형형색색의 꽃이 피어난다.

금어초 이야기(러시아)

옛날 어느 나무꾼이 사는 오두막집 주변에 노란색, 분홍색, 주황색 등 예쁜 꽃들이 활짝 폈다. 나무꾼이 넋을 잃고 꽃을 바라보고 있는데 갑자기 난쟁이가 나타나 오랫동안 여행을 하다 보니 배가 고프다며 먹을 것을 좀 달라고 했다. 그러나 나무꾼은 가난해서 먹을 것이 별로 없었다. 갖고 있는 것은 검은 빵 한 조각이 전부였지만 난쟁이에게 선뜻 양보했다. 빵을 받아든 난쟁이가 자신의 모자에 금어초 씨를 담고는 꼭 쥐어짜자 놀랍게도 금어초 씨에서 기름이 나왔다. 두 사람은 금어초 기름을 발라 빵을 맛있게 먹었다. 그 후 나무꾼은 금어초에서 짜낸 기름을 팔아 마을에서 큰 부자가 되었다. 지금도 러시아의 농부들은 금어초 기름을 빵에 발라 먹는다는 이야기가 전해져 내려온다.

금어초	
학명 Antirrhinum majus L.	**원산지** 남유럽, 북아프리카
과명 질갱이과	**꽃말** 수다쟁이, 고백
생약명 스냅드래곤(Snap dragon)	**효능** 금어초는 염증을 줄이는 효과가 있어서 유럽에서는
성미 성질은 서늘하고 맛은 약간 쓰다.	오랫동안 소염제와 이뇨제로 사용해 왔다. 피부염, 화
개화시기 4~8월	상, 종양, 궤양, 치질 등의 치료에도 효과가 좋고, 통
식용·약용 꽃, 잎, 씨앗	증을 완화한다.

금어초꽃차 제다 과정 ❄

1. 세척, 손질

깨끗한 꽃을 채취하여 잘 다듬고 꽃받침과 함께 꽃잎을 모아 꽃봉
오리처럼 모양을 잡는다.

2. 저온, 건조

팬을 저온에 놓고 한지 또는 면포를 깐다. 금어초 꽃을 올린 뒤 대
나무 집게를 이용해 앞뒤로 한 잎 한 잎 뒤집으며 덖는다. 대나무
채반에 담아 식힌다. 반복한 다음 건조한다.

3. 중온덖음

온도를 조금 올리고 교반하면서 덖은 뒤 바깥으로 꺼내어 식힌다.

4. 수분체크

① 한지를 깔고 저온에서 30분~1시간 그대로 두어 수분을 날린다.

② 뚜껑을 덮고, 수분이 올라오면 뚜껑을 열어 바로바로 물기를 닦

아준다. 10분간 수분이 올라오지 않으면 온도를 올려서 잔여 수
분을 확인하고 더 이상 수분이 올라오지 않으면 마무리를 한다.
소독한 병에 담아 밀봉 보관한다.

꽃차 우리기

유리다관에 금어초꽃차 한 차시를 넣고 100℃의 끓는 물을 부어서
한 번 헹구어 낸 뒤, 다시 물을 부어 3분 정도 우려서 마신다. 옐로
우의 우림색이 금빛을 닮아 화사하다.

금잔화꽃차
(Calendula, Field Marigold)

위염, 위궤양, 십이장궤양에 좋은 꽃차

금잔화는 한해살이풀로 높이는 30~50cm이고 잎은 어긋난다. 여름부터 가을까지 붉은 빛이 도는 노란색으로 가지와 줄기 끝에 노란색 두상화가 한송이씩 달린다. 꽃 피는 기간이 길고 독특한 냄새가 난다. 카렌듈라(Calendula)라는 이름은 로마인들이 달의 초하루를 'calendae'라고 한 데에서 유래했다. 이 꽃이 1개월 동안 피는데서 붙여진 영어명 'Calendula'는 '달력'이라는 뜻이다. 우리나라에서는 꽃 색이 금색이고 꽃 모양이 술잔 같다는 데에 착안해 '금빛 술잔을 닮은 꽃'이라는 뜻의 '금잔화(金盞花)'라 한다.

금잔화 이야기

태양의 신 아폴로를 사랑한 한 소년이 있었다. 그 소년은 어릴 적부터 해를 좋아했다. 해가 높이 떠오르면 기뻐하면서 태양 아래에서 춤을 추며 좋아했지만, 밤이 되면 해를 그리며 슬퍼했다. 아폴로도 이런 소년의 모습이 사랑스러워 점차 사랑에 빠지게 되었다. 그러자 구름의 신이 이들의 사랑을 시기하여 소년이 아폴로를 보지 못하도록 구름으로 햇빛을 가리고 말았다. 소년은 날마다 어두컴컴한 곳에서 아폴로를 그리워하며 애달파하다가 끝내 죽고 말았다. 구름이 걷히자 태양은 소년의 죽음을 안타까워하며 그리워하다가 소년을 금잔화로 환생시켰다. 금잔화가 태양을 바라보며 아름답게 활짝 피어나는 것은 아직도 변함없이 태양을 사랑하고 있기 때문이다.

금잔화	
학명 Calendula arvensis	**원산지** 남유럽, 지중해
과명 국화과	**꽃말** 비탄, 비애
생약명 금잔초(金盞草)	**효능** 담즙의 분비를 촉진하고, 위염, 위궤양, 십이장궤양
성미 성질은 평하고 맛은 약간 쓰다.	등 소화기관 관련 질병에 효과가 있다. 피부를 젊고
개화시기 7~8월	탄력있게 가꾸는 효과도 있어서 목욕제로도 많이 이
식용·약용 꽃, 잎, 줄기	용한다.

금잔화꽃차 제다 과정 ❋

1. 세척, 손질

막 개화하는 꽃을 채취하여 꽃대를 바짝 잘라 손질한 후, 가볍게 세척하고 물기를 말린다.

2. 초벌덖음

덖음팬을 F점에 놓고 한지 또는 면포를 깐다. 꽃은 엎어서 올려놓고 대나무 집게를 이용하여 앞뒤로 뒤집으면서 덖는다. 덖은 꽃을 채반에 담아 식힌다. 여러 번 반복한다.

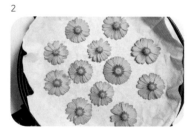

3. 중온덖음

온도를 조금 올리고 교반하면서 덖음한 다음, 채반에 담아 식힌다.

4. 수분체크

① 한지를 깔고 저온에서 30분~1시간 그대로 두어 수분을 날린다.

② 뚜껑을 덮고, 수분이 올라오면 뚜껑을 열어 바로바로 물기를 닦아준다. 10분간 수분이 올라오지 않으면 온도를 올려 잔여 수분을 확인하고 더 이상 수분이 올라오지 않으면 마무리를 한다. 소독한 병에 담아 밀봉 보관한다.

꽃차 우리기

다관에 금잔화꽃차 3~5송이를 넣고 100℃의 끓는 물을 부어 첫물은 버리고 다시 물을 부어 2~3분 정도 우려내어 마신다. 태양 아래 앉은 듯 금빛의 찻물색이 황홀하다.

금화규꽃차
(Sunset Hibiscus)

해열해독, 갱년기 증상 완화 등에 좋은 꽃차

금화규는 한해살이풀로 암수 한그루 식물이다. 꽃이 오후만 되면 시들기 때문에 개화 당일에 수확을 해야 한다. 꽃잎이 노랗고 엷으며 주홍빛 꽃술이 매우 아름답고 탐스럽다. 체부용, 야부용, 골드 히비스커스로 불리며 중국에서는 황금 해바라기라고도 한다. 꽃, 잎, 뿌리, 줄기는 향신료와 오일 추출이 가능하고 모두 약용할 수 있다. 닥풀과 꽃 생김새와 색깔이 비슷하여 보통 구별하기가 어려운데 잎을 보면 다르다는 것을 알 수 있다. 어린잎은 비슷하여 구별할 수 없지만 자란 잎으로 비교하면 닥풀의 잎은 가늘며 긴데 비해 금화규는 넓은 잎을 가지고 있다.

작은 꽃 하나

- 퓨슈킨(1799~1837, 러시아)

작은 꽃 하나 바싹 말라 향기를 잃고
책갈피 속에 잊혀져 있네
그것을 보니 갖가지 상상들로
어느새 나 마음 그득해지네

어디에서 피었을까 언제 어느 봄날에
오랫동안 피었을까 누구 손에 꺾였을까
아는 사람 손일까 모르는 사람 손일까
무엇 때문에 여기 끼워져 있나

무엇을 기념하려 했을까
사랑의 밀회일까 숙명의 이별일까
아니면 고요한 들판, 숲 그늘 따라
호젓하게 산책하던 그 어느 순간일까

그 남자 혹은 그 여자는 아직 살아 있을까
지금 어디서 살고 있을까
이미 그들도 시들어 버렸을까
이 이름 모를 작은 꽃처럼

금화규	
학명 Aurea helianthus	**원산지** 중국
과명 아욱과	**꽃말** 아름다운 순간
성미 성질은 차고 맛은 달다.	**효능** 해열해독, 소염진통, 소화불량, 항염, 피로회복, 혈압
개화시기 6~8월	낮춤, 면역력 증가 등의 효능이 있고 천연 식물성 에
식용·약용 꽃, 잎, 줄기, 뿌리	스트로겐이 다량 함유되어 갱년기 증후군에 좋다.

금화규꽃차 제다 과정 ✺

1. 채취, 손질

꽃봉오리를 채취하여 반나절 그대로 둔다. 가위를 이용하여 줄기를 떼어내고 꽃받침을 뒤로 제치며 꽃잎을 펼쳐준다. 결 따라 돌아가며 펼치면 쉽게 꽃모양이 나온다. 안에 든 수술은 가위로 제거한다.

2. 초벌덖음

덖음팬 온도를 저온으로 하고 면포를 깐다. 꽃잎을 뒤로 감싸 도넛 모양으로 만든 다음 꽃얼굴이 위를 향하게 팬에 가지런히 올린다. 꽃잎이 얇기 때문에 뒤집지 말고 그대로 두고 색이 조금씩 짙어지면 꺼내어 식힌다. 덖음과 식힘을 여러 번 반복한다.

3. 중온덖음

온도를 조금 올리고 대나무 집게를 이용하여 타지 않게 뒤집어 주면서 덖는다. 수분이 거의 제거되면 바깥으로 꺼내어 식힌다.

4. 수분체크

① 면포를 깔고 저온에서 1~ 2시간 그대로 두어 수분을 날린다.

② 뚜껑을 덮고, 수분이 올라오면 뚜껑을 열어 바로바로 물기를 닦아준다. 10분간 수분이 올라오지 않으면 온도를 올려서 잔여 수분을 확인하고 더 이상 수분이 올라오지 않으면 마무리를 한다. 소독한 병에 담아 밀봉 보관한다.

꽃차 우리기

다관에 금화규꽃차 3~5송이를 넣고 100℃의 찻물을 부어 꽃을 헹구어 낸 뒤, 다시 물을 부어 2~3분 정도 우려내어 마신다. 찻잔에서 노란 금물결이 출렁인다.

냉이꽃차
(Shepherd's Purse)

간을 튼튼하게 하고, 부인병, 혈액순환에 좋은 꽃차

냉이(나생이)는 우리나라에서 대표적인 봄나물이다. 냉이의 종류로는 황새냉이, 다닥냉이, 싸리냉이, 좁쌀냉이, 나도냉이 등 30여 종에 달할 만큼 많고, 지역에 따라 나시, 나이, 남새, 나싱구, 나싱개, 나생이 등 여러 이름으로 부르고 있다. 높이는 10~50cm 정도이다. 잎은 이른 봄 방석 모양으로 퍼지며, 4~6월에 흰색 꽃이 총상꽃차례(總狀花序)로 피어난다. 어린잎은 뿌리와 더불어 식용한다. 칼슘의 보고이며 단백질, 비타민 A, 비타민 B2, 비타민 C가 많이 함유된 알칼리 식품이다.

냉이 이야기

당나라 승상 왕윤의 딸 왕보천은 품행이 단정하고 아름다워 흠모하는 총각들이 많았다. 보천은 왕윤에게 자기가 수를 놓아 만든 공을 받는 사람과 결혼을 하겠다며 누각에 올라 신랑감들을 내려다보며 공을 던졌다. 수많은 청년들 중에 공을 낚아 챈 사람은 설평귀라는 거지 청년이었다. 왕윤이 거지 청년과 결혼하는 것을 극구 반대하자 보천은 왕윤이 잠든 틈을 타서 설평귀에게 갔다. 며칠 뒤 당나라가 적의 침략을 받아 설평귀는 군대에 들어갔다가 적군에게 잡혀 끌려가게 되었다. 보천은 산 속 동굴로 들어가 냉이를 뜯어먹으며 설평귀를 기다렸다. 한편, 설평귀는 사랑국에서 공을 세워 공주와 결혼하였다. 사랑국의 왕이 죽자 설평귀는 왕이 되어 보천을 찾아 왔다. 설평귀는 18년 동안이나 기다려 준 보천을 황후로 맞이하였으며, 모든 백성들에게 보천의 생명을 이어준 냉이를 먹으라는 명령을 내렸다고 한다.

냉이꽃	
학명 Capsella burapastoris	**원산지** 유럽
과명 십자화과(Cruciferae)	**꽃말** 봄 색시, 당신께 나의 모든 것을 드립니다.
생약명 제채(薺菜), 향선채(香善菜), 청명초(淸明草)	**효능** 「동의보감」에 따르면, '냉이는 간을 튼튼하게 하고 눈
성미 성질은 평하고 맛은 달다.	을 맑게 해준다.'고 한다. 자궁 출혈, 생리 불순 등과
개화시기 4~6월	같은 부인병에 특히 효과가 좋으며, 혈액 순환을 원활
식용·약용 꽃, 잎, 뿌리	하게 한다.

냉이꽃차 제다 과정 ✽

1. 세척, 손질

추운 겨울을 이겨내고 이른 봄에 푸릇하게 올라오는 냉이꽃을 뿌리째 채취하여 깨끗이 손질하고, 흐르는 물에 여러 번 씻어 물기를 뺀다. 냉이꽃은 꽃과 뿌리 부분을 분리해서 덖어도 되고, 전초를 이용해서 덖어도 된다.

2. 살청, 건조

고온에서 자체수분으로 살청하고 유념한다. 소쿠리에 펼쳐서 부채질로 열기를 식힌다. 덖음과 식힘을 반복한 다음 식힌다. 냉이꽃을 뿌리와 함께 돌돌 말아 동전 크기로 동그랗게 만들어 바람이 잘 통하는 곳에서 건조한다.

3. 중온덖음

덖음팬에 한지를 깔고 대나무 집게를 사용하여 덖어주고 식힌다.

4. 수분체크

① 한지를 깔고 저온에서 1~2시간 그대로 두어 수분을 날린다.

② 뚜껑을 덮고, 수분이 올라오면 뚜껑을 열어 바로바로 물기를 닦아준다. 10분간 수분이 올라오지 않으면 온도를 올려 잔여 수분을 확인하고 더 이상 수분이 올라오지 않으면 마무리를 한다. 소독한 병에 담아 밀봉 보관한다.

꽃차 우리기

다관에 냉이꽃차 한두 개를 넣고 100℃의 뜨거운 물을 부어 첫물은 세차하고 다시 물을 부어 2~3분 정도 우려서 마신다. 연초록빛 수색에 봄내음이 가득하다.

능소화꽃차
여름꽃
(Chinese Trumpet Creeper)

자궁출혈, 생리불순 등에 좋아 부인과의 약으로 불리는 꽃차

능소화는 여름이면 우리나라 전역에서 골목 담장너머로 가장 쉽게 볼 수 있는 꽃으로 금등화(金藤花)라고도 한다. 담쟁이처럼 나무나 담장을 타고 올라가는 낙엽성 덩굴 식물이다. 가지에 흡착근이 있어 벽에 붙어서 올라가고 길이가 10m에 달한다. 여름에 주황색 꽃이 가지 끝에서 한 송이씩 핀다. 다른 꽃들과는 달리 꽃이 질 때는 통꽃으로 뚝 떨어지는데 그 모습이 지조와 기개가 있는 선비를 닮았다 하여 궁궐, 사찰, 사대부집 앞마당에만 심게 했다. 그런 까닭에 양반꽃이라고 부르기도 하였다.

능소화 이야기

옛날 소화라는 어여쁜 궁녀가 임금님의 눈에 들어 하룻밤을 같이 보내게 되었다. 성은을 입은 소화는 하루아침에 신분이 바뀌어 빈의 자리에 앉았지만, 많은 여인들의 시샘과 음모로 구중궁궐의 가장 깊은 곳에 기거하게 되어 임금님이 찾아올 수가 없었다. 소화는 그런 사실도 모른 채 임금님이 찾아오기만을 오매불망 기다렸다. 매일매일 담장 너머를 서성이며 힘든 시간을 보내던 소화는 결국 상사병에 걸려 몸져눕게 되었다. 결국, 무더운 여름 날 '담장가에 묻어 달라.'는 유언을 남기고 세상을 떠났다. 홀로 쓸쓸히 생을 마친 소화는 유언대로 조용히 이름 모를 꽃처럼 담장가에 묻혔다. 그후 소화가 살던 처소담장에서 발자국 소리를 들으려는 듯 꽃잎을 넓게 벌린 꽃이 피어났는데, 그것이 임금님을 기다리는 '능소화'라는 이야기가 전해져 온다.

능소화	
학명 Campsis grandiflora	**식용·약용** 꽃, 잎, 뿌리
과명 능소화과	**원산지** 중국
생약명 능소화(陵霄花), 자위화(紫葳花)	**꽃말** 명예, 기다림
성미 무독, 서늘하다.	**효능** 자궁출혈, 생리불순을 다스리고, 여성 질환에 효과가
개화시기 7~9월	있어 부인과의 약이라고 한다. 이뇨작용에도 좋다.

능소화꽃차 제다 과정 ✻

1. 세척, 손질

막 피기 시작한 꽃을 채취하여 꽃받침을 제거하고 흐르는 물에 씻은 뒤 물기를 털어낸다.

2. 증제, 건조

찜통에 청주를 조금 넣고 1~2분간 찐다. 대나무 채반에 담아 바람이 잘 통하는 곳에 두고 하루 정도 자연 건조한다.

3. 중온덖음

온도를 조금 올리고 교반하면서 덖어준다. 덖음과 식힘을 반복한 후 통풍이 잘되는 곳에서 식힌다.

4. 수분체크

① 한지를 깔고 저온에서 1~2시간 그대로 두어 수분을 날린다.

② 뚜껑을 덮고, 수분이 올라오면 뚜껑을 열어 바로바로 물기를 닦아준다. 10분간 수분이 올라오지 않으면 온도를 올려서 잔여 수분을 확인하고 더 이상 수분이 올라오지 않으면 마무리를 한다. 소독한 병에 담아 밀봉 보관한다.

꽃차 우리기

다관에 능소화차 3~5송이를 넣고 100℃의 찻물을 부어 꽃을 헹구어 낸 뒤, 다시 물을 부어 2~3분 정도 우려서 마신다. 찻물이 은은하게 피어오르는 능소화 자태가 고상하다.

여
름
꽃

달맞이꽃차
(Evening Primrose)

체내 염증, 관절염, 편도염 등에 좋은 꽃차

달맞이꽃은 전국의 길가나 강둑에 무리지어 자란다. 한 여름 밤에 꽃 피어 다음 날 아침에 시드는 꽃으로 꽃잎 4장, 꽃받침 2개, 암술 1개. 수술 8개로 이루어져 있다. 달맞이꽃 씨앗 기름에는 인체에서 스스로 만들어낼 수 없는 지방산인 리놀산과 리놀렌산, 아라키돈산 같은 필수지방산이 풍부하게 들어 있다. 특히 감마리놀렌산이 많이 들어 있는데 이는 모유와 달맞이꽃 씨앗 기름에만 들어 있다고 한다. 줄기가 자라나기 전인 이른 봄에 어린싹을 캐어서 나물로 해먹고 갓 피어나는 꽃은 튀김으로 먹을 수 있는 아주 유용한 식물이다.

달맞이꽃 이야기

옛날 달의 여신 아르테미스를 사랑하는 한 님프가 있었다. 별과 달이 함께 뜰 수 없는 것으로 알고 있었던 이 님프는 자신이 좋아하는 달님과 늘 함께 있고 싶은 마음에 혼잣말로 "별들이 없으면 달님을 매일 볼 수 있을 텐데."라고 했다. 별을 사랑하던 님프들이 그 말을 듣고 화가 나서 제우스신에게 달려갔다. 제우스신은 노여워하면서 달을 사랑한 님프를 달빛이 미치지 않는 곳으로 추방해버렸다. 그리움과 외로움에 님프는 점차 여위어 마침내 죽고 말았다. 그 사실을 알게 된 아르테미스는 자신을 사랑하다 죽은 님프를 땅에 잘 묻어주었다. 훗날 너무 가혹했다고 생각한 제우스가 죽은 님프를 달맞이꽃으로 환생시키니 지금도 달을 따라 꽃을 피운다는 슬프고도 아름다운 이야기가 전해 온다.

달맞이꽃	
학명 Oenothera biennis	**원산지** 칠레
과명 바늘꽃과	**꽃말** 기다림, 밤의 요정
생약명 월하향(月下香)	**효능** 감마리놀레산이 풍부하여 당뇨에 좋으며, 체내의 염
성미 성질은 약간 차고 맛은 맵고 약간 쓰다.	증을 억제한다. 혈액 순환을 원활하게 하고 혈중 콜
개화시기 7~8월	레스테롤 수치를 낮추며, 관절염이나 편도염에 효과
식용·약용 꽃, 잎, 열매, 뿌리	가 있다.

달맞이꽃차 제다 과정 ☀

1. 채취, 손질

달맞이꽃은 9시 이후 혹은 이른 새벽에 따는 것이 꽃 색이 곱다. 꽃자루는 떼어 내고 꽃받침 그대로 두고 덖는다. 깨끗하게 꽃만 따서 차를 만들어도 좋다. 가볍게 세척한 뒤, 물기가 남아 있으면 갈변하기 쉬우므로 물기를 잘 말려준다.

2. 초벌, 건조

덖음팬을 약한 불에 달군 다음 불을 끄고 한지를 깐다. 꽃 색이 변하지 않도록 뒤집으며 덖고 대나무 채반에 담아 식힌다. 덖음과 식힘을 반복하고 건조한다.

3. 중온덖음

온도를 조금 올리고 교반하면서 덖고 대나무 채반에 담아 식힌다.

4. 수분체크

① 한지를 깔고 저온에서 30분~1시간 그대로 두어 수분을 날린다.

② 뚜껑을 덮고, 수분이 올라오면 뚜껑을 열어 바로바로 물기를 닦아준다. 10분간 수분이 올라오지 않으면 온도를 올려서 잔여 수분을 확인하고 더 이상 수분이 올라오지 않으면 마무리를 한다. 소독한 병에 담아 밀봉 보관한다.

꽃차 우리기

다관에 달맞이꽃차를 차시로 하나 넣고 100℃의 끓는 물을 부어 꽃을 헹구고 다시 물을 부어 2~3분 정도 우려서 마신다. 달빛을 머금은 꽃물 색이 아름답고 향기롭다.

당아욱꽃차
(Mallow Flowers)

골다공증, 기관지염, 인후통 등에 좋은 꽃차

당아욱은 아욱과에 딸린 두해살이풀로 울릉도 바닷가에서 자란다. 주로 꽃을 보기 위해 정원에 많이 심는다. 아시아가 원산지로 높이가 60~90cm이다. 잎은 어긋나고 둥근 모양이지만 5~9개로 갈라지며 가장자리에 작은 톱니가 있다. 꽃잎은 5개이며 5~6월에 연한 자줏빛 바탕에 짙은 자줏빛의 맥이 있는 화사한 꽃이 핀다. 품종에 따라 여러 가지 빛깔이 있다. 꽃받침은 녹색이고 5개로 갈라진다. 열매가 익으면 저절로 떨어져 씨가 나온다. 한방에서는 금규(錦葵)라 하여 약초로 쓴다.

당아욱꽃 이야기

조선 시대에 '욱'이라는 이름의 과부가 살고 있었다. 하루는 평화로운 마을에 갑자기 왜구가 쳐들어와 닥치는 대로 빼앗고 부녀자들을 겁탈하며 사람들을 마구 죽였다. 욱은 어린 아들을 데리고 급히 산으로 도망쳤으나 그만 왜구에게 발각되고 말았다. 욱은 아들만이라도 살리려고 자기 치마속에 아들을 숨기고 나무를 움켜잡고 버텼다. 그러자 왜구는 욱의 등을 찔러 죽였다. 다행히 아들은 때마침 도착한 조선군에 의해 겨우 목숨을 건지게 되었다. 아들은 슬퍼하며 욱을 나무 옆에 묻어주었다. 훗날 아들이 무과에 급제하여 욱을 찾아오니 무덤 옆에 어머니를 닮은 고운 당아욱이 피어 있었다는 이야기가 전해져 온다.

당아욱꽃		
학명 Malva sylvestris var. mauritiana	**식용·약용** 꽃, 잎, 줄기	
과명 아욱과	**원산지** 아시아, 유럽	
생약명 금규	**꽃말** 자애, 어머니의 사랑, 어머니의 은혜	
성미 성질은 차고 맛은 짜다.	**효능** 대소변을 원활하게 하고 이뇨작용을 도우며, 빈혈과	
개화시기 5~6월	골다공증, 기관지염, 인후통 등에 효과가 있다.	

당아욱꽃차 제다 과정

1. 채취, 손질

당아욱은 쉽게 시들고 색도 변하기 때문에 채취 후 손질해서 바로 덖어야 하는 꽃이다.

2. 초벌, 건조

덖음팬을 F점에 놓고 한지 두 장 깐다. 꽃잎이 아래로 향하게 엎어 놓고 덖는다. 수분이 줄어들면서 색깔이 짙어지면 뒤집어주고 덖음과 식힘을 반복한 다음 건조한다.

3. 중온덖음

온도를 조금 올리고 교반하면서 덖어준다. 채반에 담아 식혀준다.

4. 수분체크

① 한지를 깔고 저온에서 30분~1시간 그대로 두어 수분을 날린다.
② 뚜껑을 덮고, 수분이 올라오면 뚜껑을 열어 바로바로 물기를 닦아준다. 10분간 수분이 올라오지 않으면 온도를 올려서 잔여 수분을 확인하고 더 이상 수분이 올라오지 않으면 마무리를 한다. 소독한 병에 담아 밀봉 보관한다.

꽃차 우리기

다관에 당아욱꽃차 4~6 송이를 넣고 100℃의 찻물을 부어 꽃을 헹구어 낸 뒤, 다시 물을 부어 2~3분 정도 우려서 마신다. 블루소다같이 시원한 수색에서 푸른 파도가 출렁인다.

1

2

3
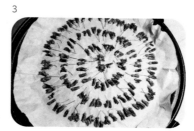

4

도라지꽃차 여름꽃
(Balloon Flower)

기침, 가슴 답답함, 인후통 등에 좋은 꽃차

　도라지는 초롱꽃과의 여러해살이 풀이다. 먹으려면 보통 3년은 기다려야 한다. 흰색 꽃과 보라색 꽃 두 종류가 있다. 흰색 꽃이 피는 것을 백도라지, 꽃이 겹으로 되어 있는 것을 겹도라지, 흰색 꽃이 피는 겹도라지를 흰겹도라지라고 한다. '도라지타령'에 나오는 백도라지는 실제로 매우 귀한 편이다. 도라지꽃은 보통 7~8월 여름에 흰색 또는 보라색 꽃이 피는데 뿌리는 식용하고 말린 것은 한방에서 '길경(桔梗)'이라 하여 약재로 사용한다.

도라지타령

- 경기도 민요

도라지 도라지 도라지
심심산천에 도라지
한두 뿌리만 캐어도
대바구니로 반실만 되누나.

에헤요에헤요 에헤야
어여라난다 지화자 좋다.
저기 저 산 밑에 도라지가 한들한들

도라지 도라지 도라지
강원도 금강산 백도라지

도라지 캐는 아가씨들
손맵시도 멋드러졌네.

도라지꽃			
학명 Platycodon grandiflorum		**식용·약용** 꽃, 뿌리	
과명 초롱꽃과		**원산지** 한국	
생약명 길경(桔梗), 경초(梗草), 백약(白藥)		**꽃말** 영원한 사랑	
성미 성질은 평범하고 맛은 쓰고 맵다.		**효능** 항염증, 항궤양 작용, 가래, 감기에 의한 기침, 가슴 답답함, 인후통, 목쉰 데 등에 효과가 있다.	
개화시기 7~8월			

도라지꽃차 제다 과정 ❋

1. 채취, 손질

꽃봉오리를 준비하여 줄기는 자르고 꽃잎은 손이나 가위를 이용하여 별 모양이 되게끔 만든다. 꽃술은 제거한다.

2. 초벌, 건조

덖음팬을 저온에 놓고 한지 또는 면포를 깐다. 꽃잎이 아래로 향하게 엎어 놓고 갈변되지 않게 주의하면서 앞뒤로 뒤집는다. 덖음과 식힘을 반복하고 건조한다.

3. 중온덖음

온도를 조금 올리고 덖어준다. 덖음과 식힘을 반복한 다음 채반에 담아 식힌다.

4. 수분체크

① 한지를 깔고 저온에서 30분~1시간 그대로 두어 수분을 날린다.
② 뚜껑을 덮고, 수분이 올라오면 뚜껑을 열어 바로바로 물기를 닦아준다. 10분간 수분이 올라오지 않으면 온도를 올려서 잔여 수분을 확인하고 더 이상 수분이 올라오지 않으면 마무리를 한다. 소독한 병에 담아 밀봉 보관한다.

꽃차 우리기

다관에 도라지꽃차 3~5송이를 넣고 100℃의 찻물을 부어 꽃을 헹구어 낸 뒤, 다시 물을 부어 2~3분 정도 우려서 마신다. 자수정처럼 투명한 블루컬러의 우림색. 아기별이 반짝인다.

도화차

봄
꽃

(Peach Tree)

어혈 제거, 장 기능 향상 등의 효과가 있는 꽃차

도화(복숭아꽃)는 4~5월에 잎보다 먼저 흰색 또는 분홍색으로 피며 꽃잎은 5장이다. 열매는 7~8월에 분홍색 또는 노란색으로 익는데 복숭아라고 한다. 도화는 꽃 중에서도 특히 아름다워 뺨이 발그레한 미인을 상징하며 문학작품에 많이 등장한다. 삼국유사의 「도화녀(桃花女)와 비형랑(鼻荊郞)」, 중국 한무제(漢武帝)의 「서왕모와 천도복숭아」, 도연명의 「도화원기」 등 수많은 이야기와 시를 남기고 있다. 또한 삼국지에 나오는 도원결의(桃園結義) 이야기나 중국의 무릉도원을 보면 복사꽃이 만발한 곳은 인간세상이 아닌 신선이 사는 신성한 곳으로 여겨졌음을 알 수 있다.

산중문답(山中問答)

- **이백**(李白, 중국 당나라 시인)

問余何事棲碧山(문여하사서벽산)	묻노니, 그대는 왜 푸른 산에 사는가.
笑而不答心自閑(소이부답심자한)	웃을 뿐, 답은 않고 마음이 한가롭네.
桃花流水杳然去(도화유수묘연거)	복사꽃 띄워 물은 아득히 흘러가나니
別有天地非人間(별유천지비인간)	별천지일세. 인간 세상 아니네.

도화	
학명 Prunus persica	**식용·약용** 꽃, 열매, 씨앗
과명 장미과	**원산지** 중국
생약명 도인(桃仁)	**꽃말** 사랑의 노예
성미 성질은 따뜻하고 맛은 시고 달다.	**효능** 폐경, 월경불순 등에 좋고 생리통을 완화한다. 어혈을
개화시기 4~5월	제거하고 장 기능을 향상하며 피부미용에 좋다.

도화차 제다 과정 ❋

1. 세척, 손질
꽃봉오리나 갓 핀 꽃을 채취하고 깨끗이 다듬어서 가볍게 씻어주고 물기를 뺀다. 꽃봉오리와 꽃을 분리해서 따로 덖는 것이 좋다.

2. 초벌, 건조
덖음팬 온도를 저온으로 하고 한지나 면포를 깐다. 한지 위에 꽃을 올리고 덖는다. 덖은 꽃을 식혀준다. 덖음과 식힘을 반복하고 건조한다.

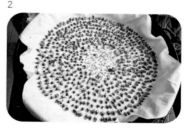

3. 중온덖음
온도를 조금 올리고 대나무 집게를 이용하여 펼친 뒤, 한지를 살살 움직여 덖는다. 채반에 담아 식힌다.

4. 수분체크
① 한지를 깔고 저온에서 30분~1시간 그대로 두어 수분을 날린다.
② 뚜껑을 덮고, 수분이 올라오면 뚜껑을 열어 바로바로 물기를 닦아준다. 10분간 수분이 올라오지 않으면 온도를 올려 잔여 수분을 확인하고 더 이상 수분이 올라오지 않으면 마무리를 한다. 소독한 병에 담아 밀봉 보관한다.

꽃차 우리기
다관에 도화차 한 차시를 넣고 100℃의 찻물을 부어 꽃을 헹구어 낸 뒤, 다시 물을 부어 2~3분 정도 우려서 마신다. 은은하고 연한 수색이 복숭아 과육을 닮았다. 따뜻한 도화차 한 모금 머금으니 여기가 무릉도원이어라~

동국꽃차
가을꽃 | (Chrysanthemum)

머리를 맑게 하며, 열을 내리는 데 좋은 꽃차

동국꽃은 여러해살이풀로 코스모스와 더불어 가을을 대표하는 꽃이다. 다양한 품종이 있고, 꽃의 색깔이나 모양도 여러 가지이다. 꽃의 크기에 따라 대륜국, 중륜국, 소륜국으로 나눈다. 가을에 주로 피는 동국꽃은 꽃이 피는 시기에 따라 추국(秋菊), 동국(冬菊), 하국(夏菊)으로 나누기도 한다. 동국은 가을부터 첫눈 올 때 즈음의 겨울까지 핀다고 해서 동국이라 한다. 매란국죽은 사군자라 하여 춘하추동을 대표하는 식물로 귀히 여김을 받았는데, 국화는 사군자에 속하며 예로부터 불로장생한다고 전해온다.

詠菊(영국) 국화를 노래하며

- 서경덕(徐敬德, 1489~1546, 조선 중기, 성종)

園中百卉已肅然(원중백훼이숙연)	정원의 모든 꽃 이미 시들었는데
祗有黃花氣自全(지유황화기자전)	노란 국화만이 그 기운이 온전하네
獨抱異芳能殿後(독포이방능전후)	홀로 남다른 향기 품고서 뒤로 쳐져
不隨春艶竝爭光(부수춘염병쟁광)	봄꽃들과 아름다움을 다투지 않네
到霜甘處香初動(도상감처향초동)	서리 내릴 즈음에야 비로소 향기 뿜고
承露溥時色更鮮(승로부시색갱선)	때마침 이슬 받아 빛깔 더욱 곱다네
湌得落英淸五內(손득낙영청오내)	떨어진 꽃잎 먹으니 오장이 맑아지기에
杖藜時復繞籬邊(장려시복요리변)	지팡이 짚고서 때때로 울타리 가를 맴돈다네

동국	
학명 Chrysanthemum morifolium	**식용·약용** 꽃, 줄기, 잎
과명 국화과	**원산지** 중국
생약명 국화(菊花)	**꽃말** 평화, 지혜, 실망, 짝사랑, 그윽한 향기
성미 약간 차가운 성질에 맛은 달고 쓰다.	**효능** 눈을 밝게 하고 머리를 맑게 하며, 열을 내려준다. 신경통, 두통, 기침 등에 효과가 있다.
개화시기 11~12월	

동국꽃차 제다 과정 🌸

1. 세척, 손질

반쯤 피어난 동국을 채취하여 흐르는 물에 씻어 물기를 뺀다.

감초물(물 2L에 감초 5~6쪽을 넣고 끓임)

2. 증제, 건조

찜통에 감초물을 넣고 면포를 깔고 김이 오르면 꽃을 올려 3분 정도 찐다. 소쿠리에 담아 부채질을 하여 열기를 뺀다. 서늘한 곳에 두고 말린다.

3. 중온덖음

온도를 조금 올리고 교반하면서 덖어준다. 덖음과 식힘을 여러 번 반복한 후 한지를 빼고 덖는다. 소쿠리에 담아 식힌다.

4. 수분체크

① 한지를 깔고 저온에서 1~2시간 그대로 두어 수분을 날린다.

② 뚜껑을 덮는다. 뚜껑에 김이 서리면 바로바로 물기를 닦아준다. 10분간 김이 서리지 않으면 온도를 올려 잔여 수분을 확인하고 더 이상 수분이 올라오지 않으면 마무리를 한다. 소독한 병에 담아 밀봉 보관한다.

꽃차 우리기

다관에 동국화차 한 차시를 넣고 100℃의 찻물을 부어 꽃을 헹구어 낸 뒤, 다시 물을 부어 2~3분 정도 우려서 마신다. 그윽한 국화 향기가 올라오니 마음이 편안해지고 안정된다.

겨울꽃

동백꽃차
(Camellia)

어혈 제거, 건조한 피부, 아토피에 좋은 꽃차

동백은 눈 속에서 피는 동백(冬栢), 봄에 피는 춘백(春栢), 늦가을에 피는 추백(楸栢) 등 여러 이름이 있다. 또한 겹동백, 흰동백, 애기동백 등 그 종류도 다양하게 많다. 잎은 사계절 진한 녹색으로 변하지 않는데다가 추운 겨울 다른 꽃들이 다 지고 난 뒤, 홀로 꽃을 피워 사람들에게 사랑을 듬뿍 받는 꽃이다. 예전에는 동백 열매로 기름을 짜서 여인들이 쪽머리에 바르며 멋을 내기도 했다. 우리나라 남부 지방이나 해안가 근처 마을에서 자라기 때문에 중부지방에서는 보기가 어려운 꽃이다.

동백 이야기

동백으로 유명한 오동도에 젊은 부부가 행복하게 살고 있었다. 하루는 남편이 고기를 잡으러 바다로 나간 사이 낯선 남자가 몰래 집 안으로 들어왔다. 아내는 남자를 피해 남편이 있는 바닷가 쪽으로 도망을 치다가 그만 발을 헛디뎌 절벽 아래로 떨어져 죽고 말았다. 남편은 바닷가에서 돌아오는 길에 절벽에서 떨어진 아내를 발견하고는 통곡하다가 아내를 잘 묻어주고 슬픔에 못 이겨 섬을 떠났다. 그 뒤 아내가 너무 보고 싶어 다시 섬으로 돌아와 보니 아내의 무덤에 빨간 꽃이 핀 나무가 하나 자라 있었다. 마치 바람에 흩날리는 꽃잎 사이로 "당신만을 사랑합니다."라는 아내의 목소리가 들려오는 듯했다.

동백꽃	
학명 Camellia japonica L	**식용·약용** 꽃, 씨
과명 차나무과	**원산지** 한국, 남해안, 일본, 중국
생약명 산다화(山茶花)	**꽃말** 자랑, 진실한 사랑
성미 성질은 서늘하고 맛은 달고 쓰고 맵다.	**효능** 자양, 강장, 지혈, 어혈 제거, 활성산소 억제, 향산화 작
개화시기 1월~4월	용을 하고 보습효과가 있어 건성 피부, 아토피에 좋다.

동백꽃차 제다 과정 ☀

1. 세척, 손질

개화기에 이제 막 피어나는 꽃을 채취한다. 동백은 꽃잎이 두껍고 점액질이 많으므로 1~2일 실온에서 시들림 한 후 꽃잎을 한 장씩 살살 펼치면서 꽃모양을 만든다.

2. 초벌, 건조

덖음팬을 F점에 놓고 한지 또는 면포를 2장 깐다. 꽃을 위로 올려 놓고 대나무 집게를 이용하여 앞뒤로 뒤집으면서 덖는다. 이 과정 을 반복해서 덖어주고, 건조시킨다.

3. 중온덖음

덖음팬 온도를 중온으로 올리고 덖는다. 꽃의 수분이 많이 빠진 상 태이므로 꽃잎이 부수어지는 것을 피하기 위해 많이 뒤적이지 않 는다. 빠르게 덖어 마무리하고 소쿠리에 담아 식힌다.

4. 수분체크

① 한지를 깔고 저온에서 1~2시간 그대로 두어 수분을 날린다.

② 뚜껑을 덮고, 수분이 올라오면 뚜껑을 열어 바로바로 물기를 닦 아준다. 10분간 수분이 올라오지 않으면 온도를 올려서 잔여 수 분을 확인하고 더 이상 수분이 올라오지 않으면 마무리를 한다. 소독한 병에 담아 밀봉 보관한다.

꽃차 우리기

다관에 동백꽃차 3송이를 넣고 100℃의 끓는 물을 부어 첫물은 버 린 뒤, 다시 물을 부어 3분 정도 우려서 마신다. 동백꽃 색깔은 화 려하지만 수색은 얌전하고 은은하다.

뚱딴지꽃차
(Jerusalem Artichoke. Girasole)

당뇨병, 골절, 타박상 등에 좋은 꽃차

뚱딴지는 다년생 초본으로 높이는 1~3m이다. 뿌리와는 달리 하늘하늘 코스모스처럼 가녀린 줄기 끝에 국화처럼 두상화가 달려있으며, 향기 짙은 노란 꽃이 피어나는데 해바라기를 닮았다. 꽃과 잎은 그렇지 않은데 뿌리는 감자 모양을 닮아서 마치 뚱딴지같다고 하여 이러한 이름이 붙었다. 또 뿌리를 사료로 쓰는 까닭에 돼지가 먹는 감자라고 하여 돼지감자라고도 불린다. 들에 저절로 나기도 하고 식용과 약용의 목적으로 밭에 심어 가꾸기도 한다. 다른 감자류와는 달리 이눌린 성분이 다량 함유되어 당뇨병에 좋으며, '천연인슐린'이라 불린다.

뚱딴지 이야기

중국의 '유명'이라는 총각이 살고 있었다. 하루는 사람을 닮은 물건 인심(人心)을 발견하고 강가로 가서 깨끗이 목욕을 시켰더니 아름다운 여인으로 변하여 부부의 연을 맺어 살게 되었다. 그러나 유명은 그 여인이 요괴라는 것을 알아차린 순간 그 화를 참지 못하고 인심을 잘게 부순 후 뒤뜰 우물가에 묻어 버렸다. 그날 밤 부인은 유명의 꿈속에 나타나 "나는 귀자강(돼지감자)으로 변했습니다. 매년 노란색 꽃이 필 무렵 우물가에서 당신과 만나고 싶습니다."라고 했다. 꿈에서 깨어나 우물가에 가 보니 정말 귀자강이 많이 있었다. 유명은 자기의 행동을 후회하며 매년 노란 꽃이 필 때마다 부인을 만나 통곡하였다. 귀자강을 캘 때도 조금씩 남겨 두어 매년 부인을 만나는 희망을 갖고 살았다.

뚱딴지	
학명 Helianthus tuberosus	**식용·약용** 꽃, 뿌리
과명 국화과	**원산지** 북아메리카
생약명 우내(芋乃), 국우(菊芋)	**꽃말** 미덕, 음덕
성미 차가운 성질이고 맛은 달고 쓰다.	**효능** 열을 내리고 부기를 가라앉힌다. 천연인슐린이 많아
개화시기 8~10월	당뇨병에 효과적이다. 골절, 타박상 등에도 좋다.

뚱딴지꽃차 제다 과정 ✺

1. 세척, 손질

봉오리보다는 막 활짝 피기 시작하는 꽃을 채취하여 꽃대를 자르고 흐르는 물에 씻는다.

2. 증제, 건조

김이 오른 찜통에서 3~5분 쪄낸다. 식힌 뒤, 꽃잎을 꽃봉오리처럼 오므려서 바람이 잘 통하는 곳에 한나절 둔다. 꽃잎은 오므리고 덖으면 꽃잎끼리 부딪히거나 부서짐이 없이 차를 우렸을 때 모양이 반듯하다. 꽃잎이 서로 달라붙지 않게 간격을 조금 두고 덖는다.

3. 중온덖음

중온에서 한지를 깔고 덖은 다음 식힌다.

4. 수분체크

① 한지를 깔고 저온에서 30분~1시간 그대로 두어 수분을 날린다.

② 뚜껑을 덮고, 수분이 올라오면 뚜껑을 열어 바로바로 물기를 닦아준다. 10분간 수분이 올라오지 않으면 온도를 올려서 잔여 수분을 확인하고 더 이상 수분이 올라오지 않으면 마무리를 한다. 소독한 병에 담아 밀봉 보관한다.

꽃차 우리기

다관에 뚱딴지 꽃차 5~6 송이를 넣고 뜨거운 찻물을 부어 꽃을 헹구어 낸 뒤, 다시 물을 부어 2~3분 정도 우려서 마신다. 수색이 진하므로 오래 우리지 말고 가볍게 우려서 마신다. 찻물을 부으면 황금빛 색깔이 그대로 우러나오고 꽃은 찬란하게 피어오른다.

여름꽃 **마거리트꽃차**
(Marguerite)

기침, 천식, 신경과민 등에 좋은 꽃차

마거리트는 국화과의 여러해살이풀로 높이는 1m 정도이다. 초본성 숙근초로 난대 지역에서는 노지에서 월동한다. 줄기와 잎이 무성하며 가지 끝에 여러 개의 꽃이 핀다. 꽃은 두화로 직경이 5~6cm 내외이며 하얀꽃이 청초하고 서정적이다. 길가, 화단에서 흔히 볼 수 있다. 진녹색의 잎은 마치 쑥갓처럼 생겼으며, 가장자리에 거친 톱니가 있다. 꽃이 피어있는 기간이 길다. 귀화식물로 나무쑥갓이라고도 한다.

마거리트 이야기

옛날 눈이 먼 아버지와 마거리트라는 어린 딸이 행복하게 살고 있었는데 트로이 전쟁이 일어나면서 혼란 속에 그만 헤어지게 되었다. 딸을 잃어버린 아버지는 밤낮으로 딸을 찾아 헤맸다. 그렇게 딸을 찾아 헤매던 어느 날, 그리운 딸의 웃음소리가 들려왔다. 아버지는 소리가 나는 쪽으로 달려가 딸의 이름을 불렀지만 딸은 아버지를 모른 척했다. 딸은 그동안 귀족 집 양녀가 되어 친구들과 즐겁게 뛰어놀고 있었던 것이었다. 딸은 거지가 된 장님 아버지가 부끄러워서 아버지가 애타게 부르는데도 도망쳐 버렸다. 그 모습을 본 제우스는 진노하여 소녀를 당장 그 자리에서 풀로 변하게 하였다. 그 후에 풀에서 꽃 한 송이가 피어났는데 사람들이 다가가면 부끄러워 몸을 움츠렸다고 한다.

마거리트	
학명 Chrysanthemum frutescens **과명** 국화과 **성미** 차다. **개화시기** 6~8월 **식용·약용** 꽃	**원산지** 아프리마 카나리아 **꽃말** 진실한 사랑, 예언, 비밀을 밝힌다. **효능** 기침, 천식에 좋다. 염증을 줄여주어 피부염과 피부외상 에도 좋고, 마음을 편안하게 해주어 신경과민에 도움이 된다. 항산화물질을 함유하여 질병예방에 도움이 된다.

마거리트꽃차 제다 과정 ❈

1. 세척, 손질

갓 피어난 꽃을 채취하여 꽃대는 깨끗이 제거하고 꽃만 따서 흐르는 물에 깨끗이 씻은 뒤, 소쿠리에 담아 물기를 뺀다. 꽃대를 길게 해서 스틱형으로 만들어도 좋다.

2. 초벌덖음

덖음팬을 달군 뒤 불을 끄고 한지를 깔고 꽃을 엎어서 올린다. 꽃잎의 수분이 빠지면서 색이 조금씩 짙어지면 대나무 집게를 이용하여 뒤집으면서 덖어주고 식힌다. 이 과정을 반복한다.

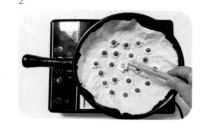

3. 중온덖음

온도를 조금 올리고 교반하면서 덖음한 뒤, 소쿠리에 담아 식힌다.

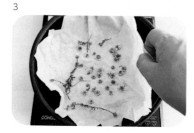

4. 수분체크

① 한지를 깔고 저온에서 30분~1시간 그대로 두어 수분을 날린다.

② 뚜껑을 덮고, 수분이 올라오면 뚜껑을 열어 바로바로 물기를 닦아준다. 10분간 수분이 올라오지 않으면 온도를 올려서 잔여 수분을 확인하고 더 이상 수분이 올라오지 않으면 마무리를 한다. 소독한 병에 담아 밀봉 보관한다.

꽃차 우리기

다관에 마거리트꽃차를 차시로 한 스푼 넣고 100℃의 찻물을 부어 꽃을 헹구어 낸 뒤, 다시 물을 부어 2~3분 정도 우려서 마신다. 마거리트가 가슴을 펴고 앙증맞게 피어오른다.

매화차
봄꽃
(Plum Blossoms)

폐의 수렴기능 강화, 피로 회복 등에 좋은 꽃차

매화는 매실나무의 꽃이다. 흰색 꽃은 백매, 붉은 꽃은 홍매라 하고, 꽃 피는 시기에 따라 일찍 피어나는 것을 조매(早梅), 추운 날씨에 피는 것을 동매(冬梅), 눈 속에 피는 매화를 설중매(雪中梅)라고 한다. 매서운 추위를 이기고 꽃을 피운다 하여 불의에 굴하지 않는 선비정신을 상징하였으며, 시나 그림의 소재로 많이 등장하였다. 6~7월경 열매가 익는데 신맛이 난다. 매실액은 '푸른 보약'이라 하여 가정 상비약으로도 많이 이용되고 있으며, 해마다 매실이 익으면 집집마다 매실청, 매실주, 매실장아찌를 담아 먹기도 한다. 한방에서는 열매를 연기로 훈증한 것을 '오매(烏梅)'라 하여 약용한다.

매화예찬
- 상촌 신흠(1566~1628)

梅不賣香(매불매향)	매화는 향기를 팔지 않는다.
桐千年老恒藏曲(동천년로항장곡)	오동나무는 천 년을 늙어도 항상 아름다운 가락을 간직하고
梅一生寒不賣香(매일생한불매향)	매화는 일생을 춥게 살아도 향기를 팔지 않는다.
月到千虧餘本質(월도천휴여본질)	달은 천 번을 이지러져도 그 본질은 남아있고
柳經百別又新枝(유경백별우신지)	버드나무는 백번을 꺾여도 새가지가 돋아난다.

매화	
학명 Prunus mume	**식용·약용** 꽃, 열매(5~6월)
과명 장미과	**원산지** 중국
생약명 오매	**꽃말** 충실, 고결, 인내, 맑은 마음
성미 성질은 따뜻하고 맛은 떫고 시다.	**효능** 폐의 수렴기능 강화, 소화기 분비 촉진작용 등의 효과
개화시기 2~4월 잎이 나기 전에 꽃이 먼저 핀다.	가 있으며 만성해수, 구토, 피로 회복에 도움이 된다.

매화차 제다 과정 ✳

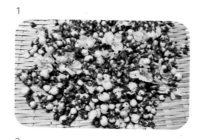

1. 세척, 손질

꽃이 피기 전 꽃봉오리를 따서 꽃만 손질하여 가볍게 씻은 뒤, 물기를 뺀다.

2. 증제, 건조

찜통에 법제물(감초 우린 물 1L, 소금 1ts)을 넣고 김이 오르면 수증기로 30~40초 찐다. 채반에 담아 자연 건조한다.

3. 중온덖음

덖음팬에 한지를 깔고 교반하면서 덖어주고 식힌다.

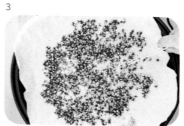

4. 수분체크

① 한지를 깔고 저온에서 30분~1시간 그대로 두어 수분을 날린다.
② 뚜껑을 덮고, 수분이 올라오면 뚜껑을 열어 바로바로 물기를 닦아준다. 10분간 수분이 올라오지 않으면 온도를 올려서 잔여 수분을 확인하고 더 이상 수분이 올라오지 않으면 마무리를 한다. 소독한 병에 담아 밀봉 보관한다.

꽃차 우리기

다관에 매화차 한 차시를 넣고 100℃의 끓는 물을 부어 세차한 뒤, 다시 물을 부어 2분 정도 우려서 마신다. 오래 우리면 쓴 맛이 나므로 매화의 맑은 맛과 향을 위해서는 바로 마시는 것이 좋다.

맥문동꽃차
(Broadleaf Liriope)

잔기침, 갈증, 불면증, 당뇨, 변비에 좋은 꽃차

맥문동은 추운 겨울철에도 푸른 잎을 간직하는 사철식물이다. 우리나라에서 흔히 자생하는 식물로 전국에서 재배가 가능하다. 다른 약초식물에 비하여 공원에나 길가에서 어렵지 않게 볼 수 있으며 그늘진 곳에서도 잘 자란다. 잎은 짙은 녹색을 띠고 난(蘭)을 닮았으며 5월부터 보라색의 작은 꽃이 밑에서 위로 피어오르기 시작하여 8월까지 핀다. 늦게는 9월까지도 피어 있어 개화기간이 긴 편이다. 맥문동의 이름은 뿌리의 생김에서 따온 것이다. 뿌리가 보리와 비슷하고 잎이 겨울에도 시들지 않는다고 하여 맥문동(麥門冬)이라 한다. 뿌리는 한방에서 약재로 사용된다.

먼 마을에서

- 울란트(1787~1862, 독일 시인)

여기 나무 그늘에 앉아	여기 시냇가에 앉아
새들의 노래를 듣고 있자니	바라보는 꽃 냄새의 향기로움이여!
그 노래가 가슴에 스민다.	이 향기를 누가 보냈었을까.
아~ 우리의 사랑을 너도 아는가.	멀고 먼 고향의 그 사람이
이렇게 멀고 먼 마을에서	마음을 듬뿍 담아 보내었을까.

맥문동		
학명 Liriope platyphylla	**원산지** 한국	
과명 백합과	**꽃말** 기쁨의 연속	
생약명 맥동(麥冬), 양구, 인능(忍凌)	**효능** 음을 나게 하고 진액을 생성한다. 폐를 윤택하게 하고	
성미 성질은 약간 차고 맛은 달고 쓰다.	심장의 열을 내린다. 주로 잔기침, 갈증, 불면증, 당뇨,	
개화시기 5~8월	변비 등에 좋다. 그밖에도 항산화, 면역증강 작용이	
식용·약용 꽃, 뿌리	있다.	

맥문동꽃차 제다 과정

1. 세척, 손질

맥문동은 꽃대를 채취하여 꽃을 훑듯이 내려 꽃만 모아서 깨끗이 손질하고 가볍게 씻어 물기를 뺀다. 빼빼로 크기로 잘라 스틱형으로 차를 덖어도 좋은 재료이다.

2. 초벌덖음

① 덖음팬을 F점에 놓고 면포를 깔고 꽃을 올려 덖는다. 덖음과 식힘을 반복하면서 덖는다.

② 채반이나 멍석에 널어 건조한다.

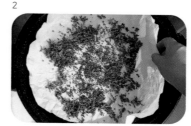

3. 중온덖음

온도를 조금 올리고 교반하면서 덖음한 다음, 채반에 담아 식힌다.

4. 수분체크

① 한지를 깔고 저온에서 1~2시간 그대로 두어 수분을 날린다.

② 뚜껑을 덮고, 수분이 올라오면 뚜껑을 열어 바로바로 물기를 닦아준다. 10분간 수분이 올라오지 않으면 온도를 올려서 잔여 수분을 확인하고 더 이상 수분이 올라오지 않으면 마무리를 한다. 소독한 병에 담아 밀봉 보관한다.

꽃차 우리기

다관에 맥문동꽃차를 차시로 한 스푼 넣고 100℃의 찻물을 부어 꽃을 헹구어 낸 뒤, 다시 물을 부어 2~3분 정도 우려서 마신다. 보랏빛 향기 가득 머금은 맥문동꽃차! 웰빙차라 부르리~

맨드라미꽃차
(Cockscomb)
여름꽃

자궁염, 대하증, 월경통 등에 좋은 꽃차

맨드라미는 한해살이풀로 관상용으로 많이 심는다. 우리 주변에서 흔히 볼 수 있는 꽃이며, 예전에는 집 앞마당에 많이 심었다. 높이는 60~90cm 정도로 곧게 자라고, 편평한 꽃줄기의 윗부분에 작은 꽃이 빽빽하게 달리며, 넓고 주름진 모양으로 붉게 피어난다. 품종에 따라 노란색 등 다양한 색깔이 있다. '계관화(雞冠花)'라 부르기도 하는데 꽃모양이 수탉의 볏 모양과 비슷하다고 붙여진 이름이다. 한방에서는 약제로 쓴다.

시골집

- 추사 김정희

장독대 동편엔 맨드라미 몇 송이
푸르른 호박 넝쿨 외양간을 타 오르네.
조그만 마을에서 꽃 소식을 묻노라니
접시꽃 한 길 높게 붉은 꽃을 피웠네.

맨드라미	
학명 Celosia cristata L.	**식용·약용** 꽃, 줄기, 잎, 뿌리
과명 비름과	**원산지** 열대 아시아
생약명 계관화(鷄冠花)	**꽃말** 시들지 않는 사랑, 열정
성미 성질은 차갑고 맛은 달고 떫다.	**효능** 지혈작용이 있고, 자궁염, 대하증, 월경통, 월경과다
개화시기 7~9월	등에 좋다.

맨드라미꽃차 제다 과정 ✿

1. 채취, 손질

꽃을 채취하여 꽃의 아래 씨방은 가위로 잘라낸 다음 깨끗이 털어
낸다. 가위를 이용하여 꽃 부분을 2cm 정도 크기로 자른다. 손으
로 꽃의 결을 따라 적당하게 찢어도 된다.

2. 살청, 건조

덖음팬 온도를 고온으로 올리고 꽃을 덖는다. 가볍게 유념해주고
덖은 꽃을 채반에 담아 식힌다. 부채를 이용하여 열기를 식혀준다.
꽃이 타지 않게 주의하면서 덖음과 식힘을 반복한 후, 건조한다.

3. 중온덖음

덖음팬에 면포를 깔고 교반하면서 덖어주고 식힌다.

4. 수분체크

① 한지를 깔고 저온에서 1~2시간 그대로 두어 수분을 날린다.

② 뚜껑을 덮고, 수분이 올라오면 뚜껑을 열어 바로바로 물기를 닦
아준다. 10분간 수분이 올라오지 않으면 온도를 올려 잔여 수
분을 확인하고 더 이상 수분이 올라오지 않으면 마무리를 한다.
소독한 병에 담아 밀봉 보관한다.

꽃차 우리기

다관에 맨드라미꽃차 5~6 조각을 넣고 100℃의 찻물을 부어 꽃을
헹구어 낸 뒤, 다시 물을 부어 2~3분 정도 우려서 마신다. 잘 우려
낸 붉은 수색이 루비처럼 투명하게 반짝인다.

여름꽃 메리골드꽃차
(Marigold)

눈과 피부 건강에 좋고, 구내염에 효과가 있는 꽃차

메리골드는 춘파성 1년초로 높이는 20~40cm이며 줄기는 직립한다. 줄기에 털이 없고 가지가 많이 갈라진다. 잎은 어긋나거나 마주나며, 특유의 냄새가 있다. 꽃은 황색, 오렌지색, 적황색 꽃이 피고 여름부터 시작하여 서리 내릴 때까지 피어 있을 정도로 개화기가 길다. 만수국, 천수국 등 여러 품종이 있으며, 불란서 금잔화, 금송화, 홍황초라고 불리기도 한다. 꽃 색깔이 선명하고 화려하기 때문에 관상용이나 꽃꽂이 재료로 많이 이용된다. 집 앞 화단에 심어 놓으면 해충을 막을 수 있다고도 한다.

옛시조(일부분)

- 작자 미상

꽃아 물어 보자 너는 어이 아니 피노
이화도화(梨花桃花) 다 날리고 녹음방초(綠陰芳草) 난만(爛熳)한데
우리는 정(情)든 님 기다려 유화불발(留花不發)

꽃은 밤비에 지고 빚은 술 다 익거다
거문고 가진 벗이 달 함께 오마하더니
아이야 모첨(茅簷)에 달 올랐다 벗님 오나 보아라

메리골드		
학명 Tagetes patula		**식용·약용** 꽃
과명 국화과		**원산지** 멕시코
생약명 만수국엽(萬壽菊葉)		**꽃말** 반드시 오고야 말 행복
성미 성질은 차고 달고 쓰다.		**효능** 루테인 성분이 많아 눈 건강, 안구건조증에 좋고 혈
개화시기 6~10월		압, 천식, 피부, 구내염 등에 효과가 있다.

메리골드꽃차 제다 과정 ✻

1. 세척, 손질

갓 개화한 꽃을 채취하여 가위로 꽃대를 자르고 깨끗하게 손질한 후 세척한다.

2. 증제, 건조

전기팬에 소금물(소금 1ts에 물 500cc)을 붓고 찜기팬을 올린다. 가장자리부터 빙 둘러 꽃을 올려서 2~3분 정도 고온에서 증제한다. 증제한 꽃은 부채로 이용해서 식혀준다. 꽃을 하나씩 꽃봉오리처럼 모양을 만들어 채반에 담아 바람이 잘 통하는 곳에서 자연건조한다.

3. 중온덖음

온도를 조금 올리고 교반하면서 덖은 다음 식힌다.

4. 수분체크

① 한지를 깔고 저온에서 1~2시간 그대로 두어 수분을 날린다.

② 뚜껑을 덮고, 수분이 올라오면 뚜껑을 열어 바로바로 물기를 닦아준다. 10분간 수분이 올라오지 않으면 온도를 올려서 잔여 수분을 확인하고 더 이상 수분이 올라오지 않으면 마무리를 한다. 소독한 병에 담아 밀봉 보관한다.

꽃차 우리기

다관에 메리골드꽃을 3~4 송이 넣고 팔팔 끓인 찻물을 부어 한 번 헹궈 낸 뒤, 다시 물을 부어 2~3분 정도 우려서 마신다. 한낮의 뜨거운 태양을 연상시키는 꽃이라 수색에 태양의 따스함이 녹아든다.

명자나무꽃차
(Japnese Quince)

봄
꽃

피로회복에 좋고, 근육을 풀어주는 꽃차

명자나무는 장미과에 딸린 갈잎떨기나무로 경상도, 황해도의 인가 주변에서 많이 심는 나무이다. 높이는 약 2m 정도 자라고 가지 끝이 가시로 변한 것도 있다. 열매는 타원형으로 길이는 10cm 정도이며, 꽃은 산당화, 명자꽃이라 한다. 명자꽃은 잎보다 먼저 4월에 빨간색, 흰색으로 핀다. 꽃이 아름다워 여자들이 이 꽃을 보면 마음 설레어 바람이 난다고 하여 예전에는 집 안에 심지 못하게 하였으며, 주로 관상수로 정원이나 집 주위 울타리용으로 심어왔다.

명자꽃 전설

아주 옛날 어느 마을에 배가 다른 오누이가 한 집에 살고 있었다. 동갑내기인 오누이는 어렸을 적부터 매우 우애있게 지냈다. 세월이 흘러, 각자 어엿한 숙녀와 청년으로 성장하게 되었는데 남동생은 그만 의붓누이에 대해 품어서는 안될 연정이 자라나고 말았다. 고뇌에 빠진 아들은 마침내 머리를 깎고 산으로 들어갔다. 의붓누이는 괴로워하다가 몸이 쇠약해져 그만 죽고 말았다. 무덤가에는 나무 한 그루가 자라 붉은 꽃을 피웠는데 이것이 바로 명자꽃이다. 이런 전설 때문에 명자는 집 안에는 잘 심지 않는다고 한다.

명자나무		
학명 Chaenomeles lagenaria		**식용·약용** 꽃, 열매, 가지
과명 장미과		**원산지** 중국
생약명 추목과(皺木瓜)		**꽃말** 겸손
성미 따뜻하고 맛은 시다.		**효능** 피로회복에 도움이 되고, 근육에 쥐가 나거나 팔다리
개화시기 4~6월		가 아플 때 근육을 풀어준다.

명자나무꽃차 제다 과정 ✻

1. 세척, 손질

갓 피어나기 시작하는 꽃을 채취하여 깨끗이 손질한다.

2. 초벌, 건조

덖음팬 온도를 저온으로 하고 면포를 깔고 꽃을 엎어서 올린다. 꽃 잎의 수분이 빠지면서 색이 조금씩 짙어지면 대나무 집게를 이용 하여 뒤집으면서 덖는다. 대나무 채반에 담아 식힌다. 덖음과 식힘 을 반복하고 자연 건조한다.

3. 중온덖음

온도를 조금 올리고 교반하면서 덖음한 다음, 채반에 담아 식힌다.

4. 수분체크

① 한지를 깔고 저온에서 30분~1시간 그대로 두어 수분을 날린다.

② 뚜껑을 덮고, 수분이 올라오면 뚜껑을 열어 바로바로 물기를 닦 아준다. 10분간 수분이 올라오지 않으면 온도를 올려서 잔여 수 분을 확인하고 더 이상 수분이 올라오지 않으면 마무리를 한다. 소독한 병에 담아 밀봉 보관한다.

꽃차 우리기

다관에 명자 5~6 송이를 넣고 100℃의 찻물을 부어 꽃을 헹구어 낸 뒤, 다시 물을 부어 2~3분 정도 우려서 마신다. 꽃잎이 찻잔 속 에서도 요염한 자태를 뽐낸다. 붉은 봄바람에 마음이 살랑살랑~

모란꽃차
봄
꽃 (Peony)

월경불순, 자궁질환 등 부인병에 좋은 꽃차

모란은 '화중지왕(花中之王)', 즉 꽃 중의 왕이다. 모든 꽃이 그 앞에서 머리를 조아린다. '국색천향(國色天香)'이라고도 불렀다. 나라의 최고 미녀요, 가장 좋은 향기를 자랑한다는 뜻이다. 또한 부귀를 상징하는 꽃으로도 알려져 있다. 모란이 이렇게 최고의 지위까지 오르게 된 것은 모란꽃의 화려하고 품격 있는 아름다움 때문이기도 하지만 당 현종이 모란꽃을 특별히 아꼈기 때문이기도 하다. 현종은 모란이 많이 심어져 있는 흥경궁(興慶宮)에 양귀비를 데리고 나아가 주연을 베풀었으며, 그 자리에서 이백으로 하여금 시를 짓게 하였다.

청평조사(淸平調詞) 제3수

- **이백**(李白, 701~762)

名花傾國兩相歡(명화경국양상환)	이름난 모란꽃과 절세미녀가 서로를 보고 즐거워하니
常得君王帶笑看(장득군왕대소간)	바라보는 군왕의 입가에 미소로 가득하네.
解得春風無限恨(해석춘풍무한한)	군왕의 무한한 애타는 마음을 이해하며
沈香亭北倚闌干(침향정북의난간)	사람들이 심향정의 북쪽을 향해 난간에 기대고 있네.

모란	
학명 Paeonia suffruticosa ANDR.	**식용·약용** 꽃, 뿌리
과명 작약과	**원산지** 중국
생약명 목단피(牧丹皮), 단피(丹皮)	**꽃말** 부귀영화, 왕자의 품격, 행복한 결혼
성미 서늘하고 맵고 쓰다.	**효능** 두통, 요통에 좋으며 여성의 월경불순, 자궁질환 등
개화시기 4~5월	부인병에 좋다.

모란꽃차 제다 과정 ❀

1. 채취, 손질 (화형이 큰 꽃이므로, 두 가지 방법으로 덖을 수 있다.)

① 꽃봉오리를 채취하여 그늘에서 위조한 후 꽃잎을 한 장씩 살살 펼치
며 꽃 모양을 만들어서 다시 그늘에서 한나절 시들린다.

② 꽃잎을 한 장씩 떼어 내어 꽃잎만 덖으면 차를 덖는 시간이 단축되
고, 마시기가 편하다.

2. 초벌, 건조

① 덖음팬(전기팬)을 F점에 놓고 한지를 깔고 꽃을 올린다. 꽃잎이 많고
꽃술도 있기 때문에 시간을 가지고 천천히 덖는다. 덖음과 식힘을
반복한 다음 자연 건조한다.

② 덖음팬을 약간 달구어 불을 끈 다음 한지를 깔고 꽃잎을 한 장씩 펴
서 올린다. 가장자리 색이 짙어지면 한 잎씩 뒤집어주면서 덖어주고
식힌다. 이 과정을 반복한다.

3. 중온덖음

① 온도를 조금 올리고 한지를 뺀 뒤, 대나무 집게를 이용하여 앞뒤로
뒤집어가며 덖는다. 수분이 거의 제거되면 채반에 담아 식힌다.

② 온도를 조금 올리고 한지를 깔고 교반하면서 덖은 후 식힌다.

4. 수분체크

① 한지를 깔고 저온에서 1~2시간 그대로 두어 수분을 날린다.

② 뚜껑을 덮고, 수분이 올라오면 뚜껑을 열어 바로바로 물기를 닦는다.
10분간 수분이 올라오지 않으면 온도를 올려 잔여 수분을 확인하고 마무리 한다.

꽃차 우리기

다관에 모란꽃 2~3송이를 넣고 100℃의 찻물을 부어 꽃을 헹구어 낸 뒤, 다시 물을 부어 2~3분 정도 우려서
마신다. 차를 마시며 '꽃 중의 꽃' 모란을 만나 잠시나마 부귀영화를 누려본다.

봄꽃 목련꽃차
(Magnolia)

축농증, 비염을 다스리고, 미세먼지 많은 날 좋은 꽃차

목련은 봄의 전령사로 높이가 20m이며, 나무에 피는 아름다운 연꽃이라는 뜻에서 목련이라고 부른다. 3월에 꽃이 잎보다 먼저 피며 줄기 끝에 한 송이씩 달린다. 꽃이 지고 난 뒤에는 굵고 길쭉한 열매를 맺는다. 우리주변에서 흔히 보이는 흰색 목련은 3~4월에, 자목련은 4~5월에 피고, 우리나라에서 자생하는 산목련은 그 다음 5~6월에 핀다. 나무는 가구나 건축재로 사용하고, 꽃은 향기가 있어 향수의 원료로 쓰이며, 꽃봉오리는 한방에서 신이(辛夷)라 하여 약용으로 쓴다.

辛夷塢(신이오) 목련 피는 언덕

- 王維(왕유, 당나라 시인)

木末芙蓉花(목말부용화)	가지 위에 자목련꽃 한송이
山中發紅萼(산중말홍악)	산 깊은 곳에서 붉은 꽃송이 만발했네
澗戶寂無人(간호적무인)	인적 없어 적막한 개울가 집에서
紛紛開且落(분분개차락)	어지러이 피더니 금세 지고 마네

목련	
학명 Magnolia kobus	**식용·약용** 꽃망울, 나무껍질
과명 목련과	**원산지** 중국, 한국
생약명 신이(辛夷)	**꽃말** 고귀함
성미 따뜻하다. 맛은 약간 맵다.	**효능** 두통, 기관지, 축농증, 감기, 비염, 코막힘, 콧물 흘림
개화시기 3월 ~ 4월	등에 효과가 있고, 미세먼지 많은 날에 좋다.

목련꽃차 제다 과정 🌸

1. 채취, 손질

목련 꽃봉오리를 따서 소쿠리에 담아 1~2일 정도 그늘진 곳에 두어 위조한 다음 봉오리를 싸고 있는 겉껍질은 떼어내고 꽃잎을 하나씩 펼쳐서 꽃 모양을 만든다. 꽃술은 손이나 가위를 이용하여 제거한다. 상처가 나면 갈변현상이 일어나므로 조심스레 손질한다.

2. 초벌, 건조

덖음팬을 F점에 놓고 한지 2~3장을 깐다. 목련은 민감하고 열에 약한 꽃이어서 손이 따뜻한 사람은 체온만으로도 색깔이 변할 수 있으므로 장갑을 끼고 꽃을 엎어서 올린다. 꽃이 타지 않게 주의하면서 대나무 집게를 이용하여 뒤집어준다. 덖은 꽃을 채반에 담아 식힌다. 덖음과 식힘을 반복하고, 그늘지고 바람이 잘 통하는 곳에서 건조한다.

3. 중온덖음

덖음팬에 면포를 깔고 꽃을 올려 중온에서 덖은 뒤, 대나무 채반에 담아 식힌다.

4. 수분체크

① 면포를 깔고 저온에서 1~2시간 그대로 두어 수분을 날린다.

② 뚜껑을 덮고, 수분이 올라오면 뚜껑을 열어서 바로 물기를 닦아준다. 10분간 수분이 올라오지 않으면 온도를 올려 한 번 더 잔여 수분을 확인하고 더 이상 수분이 올라오지 않으면 마무리를 한다. 소독한 병에 담아 밀봉 보관한다.

꽃차 우리기

다관에 목련꽃 2송이를 넣고 뜨거운 물을 부어 따뜻하게 우려 마신다.
따뜻한 목련꽃차 한 잔! 온몸에 봄봄봄~ 봄물이 차오른 듯하다.

목화차
여름꽃 | 목화차
(Cotton Flower)

만성기관지염, 지혈, 허약체질 개선에 효과가 있는 꽃차

목화는 한해살이풀로 높이는 60~90cm이고, 꽃은 하얀색에서 점차 붉은색으로 변하면서 떨어진다. 꽃이 지고 나면 삼각형 모양의 다래가 생긴다. 다래는 익으면서 갈라지고 흰색의 털 모양 섬유로 변해 목화솜이 된다. 목화가 한창 피어 오른 목화밭은 마치 눈꽃처럼 장관을 이룬다. 목화 열매 다래는 상큼하고 달콤하여 궁핍한 시절, 어린 아이들의 좋은 간식거리였다. 고려시대 공민왕 때 원나라에 사신으로 갔던 문익점이 붓 뚜껑 안에 씨앗 10개를 가져오면서부터 재배되기 시작했다고 한다.

목화 이야기

옛날 중국의 '모노화'라는 아리따운 여자는 수많은 남자들에게 청혼을 받았지만 모두 거절하고 연모하고 있던 상인과 결혼하여 행복하게 살았다. 둘 사이에 '소조챠'라는 딸도 태어났다. 그런데 전쟁이 일어나는 바람에 나라가 망하고 남편도 전사하고 말았다. 마을에는 먹을 것이 없어 죽어가는 사람이 많았는데, 소주챠 역시 그러했다. 모노화는 할 수 없이 자신의 살점을 도려내 딸을 살리고, 과다출혈로 죽고 말았다. 훗날 엄마의 무덤을 찾아간 소주챠는 무덤에 새싹이 나온 것을 보고 집으로 가져와 심었다. 가뭄이라 물을 주지 못했는데도 새싹에서 꽃이 피더니 열매를 맺고, 그 열매에서 하얗고 부드러운 '솜'이 나왔다. 사람들은 모노화가 죽어서도 딸을 잊지 못하고 딸이 추울까봐 따뜻한 솜을 보냈다며, 그 꽃을 모노화의 이름을 따서 목화로 불렀다고 한다.

목화	
학명 Gossypium hirsutum	**식용·약용** 꽃, 열매, 뿌리
과명 아욱과	**원산지** 인도
생약명 면실자(棉實子)	**꽃말** 어머니의 사랑
성미 따뜻하고 달다.	**효능** 지혈 효능이 있고, 만성기관지염, 피부질환, 위경련
개화시기 7~8월	등에 좋으며 허약체질을 개선한다.

목화차 제다 과정 ✾

1. 채취, 손질

꽃봉오리를 채취하여 목화의 꽃받침 부분을 떼어내고 꽃잎을 펴준다. 꽃술은 제거한다. 꽃잎의 색깔이 변하므로 채취 후 바로 덖는다.

2. 열건, 건조

덖음팬 온도를 저온으로 하고 찜기팬 위에 꽃을 엎어서 열건한다. 꽃잎의 수분이 빠지면서 색이 조금씩 짙어지면 꺼내어 식힌 다음 건조한다.

3. 중온덖음

온도를 조금 올리고 교반하면서 덖어준다. 수분이 거의 날라가면 채반에 담아 식혀준다.

4. 수분체크

① 한지를 깔고 저온에서 30분~1시간 그대로 두어 수분을 날린다.

② 뚜껑을 덮고, 수분이 올라오면 뚜껑을 열어 바로바로 물기를 닦아준다. 10분간 수분이 올라오지 않으면 온도를 올려서 잔여 수분을 확인하고 더 이상 수분이 올라오지 않으면 마무리를 한다. 소독한 병에 담아 밀봉 보관한다.

꽃차 우리기

다관에 목화차 3~5송이를 넣고 100℃의 찻물을 부어 꽃을 헹구어 낸 뒤, 다시 물을 부어 2~3분 정도 우려서 마신다. 연노란빛 수색이 온화하고 솜이불처럼 따뜻하다.

무궁화차
(Rose of Sharon)

해열 및 해독 효과가 있고, 피부병에 좋은 꽃차

무궁화는 여름철에서 가을까지 수천 송이의 꽃을 번갈아 피우기 때문에 무궁무진(無窮無盡)하다고 한다. 애국가 후렴에 '무궁화 삼천리 화려강산'이라는 구절을 넣으면서 민족을 상징하는 꽃이 되었다. 학명이 syriacus이지만 시리아 원산이라는 것에 이론을 내세우는 학자가 많고 인도나 중국, 그리고 우리나라가 원산지라는 설도 있어 분명치가 않다. 한방에서는 무궁화 뿌리나 줄기껍질 말린 것을 '목근피(木槿皮)'하여 약재로 쓴다.

무궁화 이야기

고려 16대 왕인 예종 때 있었던 일이다. 예종에게는 아끼는 신하가 3명 있었다. 그러나 신하들은 왕의 신임을 독차지하려고 끝없이 서로를 견제하였다. 그러던 어느 날, 그 중에서 가장 충성스럽던 신하가 나머지 두 명의 꾀에 의해 역적으로 몰리고 말았다. 충성스러운 신하는 예종에게 자신의 결백을 호소했지만, 안타깝게도 이는 받아들여지지 않았다. 결국 유배지로 쫓겨난 신하는 괴로워하다가 그곳에서 목숨을 잃고 말았다. 신하의 충성심에 하늘이 감동하였는지 그 무덤에서 꽃 한송이가 피어났는데 이것이 바로 무궁화이다. 사람들은 무궁화를 보면서 신하의 충절과 일편단심을 떠올리게 되었다고 한다.

무궁화	
학명 Hibiscus syriacus(Althaeafrutex)	**식용·약용** 꽃, 잎, 가지, 뿌리
과명 아욱과	**원산지** 시리아, 인도, 중국
생약명 근피(槿皮), 근화(槿花), 조개모락화(朝開暮落花)	**꽃말** 일편단심
성미 성질은 평하고 맛은 달며 무독하다.	**효능** 해열 및 해독 효과가 있고 혈액순환을 도우며 대장염,
개화시기 7~10월	이질, 대하증, 기관지염, 피부병 치료에 효과가 있다.

무궁화차 제다 과정 ✳

1. 세척, 손질

오후에 꽃봉오리를 채취한다. 한나절 실온에서 위조한 후 꽃잎을 한 장씩 살살 펼치면서 꽃모양을 만든다. 꽃에 양분이 많아 벌레가 있을 수 있으므로 잘 털어서 깨끗이 씻어 준 다음 꽃받침과 꽃술은 떼어 내고 사용한다.

2. 초벌, 건조

덖음팬을 F점에 놓고 한지나 면포를 깐다. 무궁화는 다시 오므라드는 특성이 있으므로 꽃잎을 엎어서 올리고 살짝 눌러 모양을 잡는다. 덖은 꽃을 소쿠리에 담아 식힌다. 덖음과 식힘을 반복하고 건조한다.

3. 중온덖음

온도를 조금 올리고 교반하며 덖은 뒤 대나무 채반에 담아 식힌다.

4. 수분체크

① 한지를 깔고 저온에서 30분~1시간 그대로 두어 수분을 날린다.

② 뚜껑을 덮고, 수분이 올라오면 뚜껑을 열어 바로바로 물기를 닦아준다. 10분간 수분이 올라오지 않으면 온도를 올려서 잔여 수분을 확인하고 더 이상 수분이 올라오지 않으면 마무리를 한다. 소독한 병에 담아 밀봉 보관한다.

꽃차 우리기

다관에 잘 덖은 무궁화차 6~7송이를 넣고 뜨거운 찻물을 부어주니 보랏빛 꽃잎이 풀밭에 내려앉은 듯 초록초록하다. 무궁화 꽃이 피었습니다~ 연초록 꽃이 피었습니다~

봄꽃

민들레꽃차
(Korean Dandelion)

간 기능을 강화하고, 위염 등에 좋은 꽃차

민들레는 다년생 초본으로 우리나라 각지의 산과 들에서 저절로 자란다. 이른 봄에 뿌리에서 깃 모양의 잎이 모여 나와 땅 위를 따라 옆으로 퍼진다. 잎은 깊게 갈라지고 털이 약간 있으며 가장자리에 톱니가 있다. 4~5월에 잎 사이에서 나온 30cm 가량의 꽃줄기 끝에서 노란꽃이 송이씩 달리는데, 꽃자루 없이 통꽃으로 모여 핀다. 여름까지 꽃이 피기도 한다. 열매는 작고 긴 타원형이며, 흰 털이 붙어 있어 바람에 날려 멀리 흩어진다. 이른 봄에 어린잎과 줄기를 캐서 나물로 먹으며, 한방에서는 '포공영(蒲公英)'이라 하여 전초를 말려 약재로 쓴다.

민들레 이야기

옛날, 강건한 성품을 지닌 오서방은 아내 '민들녀'와 행복하게 살고 있었다. 부부 사이가 워낙 좋아 마을에서는 한 쌍의 원앙새라며 부러워할 정도였다. 그러던 어느 날 외적이 쳐들어와 가축과 양식은 물론 젊은 아낙네들을 마구 약탈하자 오서방은 의병을 일으켜 마을을 떠났다. 시간이 흐르고 의병들은 싸움에서 이겨 하나둘씩 마을로 돌아왔지만 오서방은 돌아오지 않았다. 민들녀는 매일 툇마루에 서서 남편을 기다렸다. 그렇게 긴 세월 동안 민들녀는 남편을 일편단심으로 기다리다 끝내 세상을 떠나고야 만다. 이듬해 봄, 오서방네 집 주위에 잎사귀가 갈퀴처럼 생긴 꽃이 피어나자 갈기 갈기 찢긴 민들녀의 마음이라며 '민들녀꽃'이라 불렸는데, 후에 '민들레꽃'으로 발음하게 되었다.

민들레	
학명 Taraxacum platycarpum	**식용·약용** 꽃, 잎, 뿌리
과명 국화과	**원산지** 한국
생약명 포공영(蒲公英)	**꽃말** 감사하는 마음, 행복, 내 사랑을 그대에게 드려요.
성미 성질은 차갑고 맛은 쓰고 달다.	**효능** 해독 및 항염 작용이 있고, 간 기능을 강화하며, 간경
개화시기 4~5월	화나 편도염, 위염 등에 좋다.

민들레꽃차 제다 과정 ✿

1. 세척, 손질

막 피어난 꽃과 꽃봉오리, 뿌리 전체를 채취하여 흙을 털어내고 꽃만 다듬어서 손질한다. 깨끗이 세척한 뒤에 꽃이 다시 오므라드므로 바로 덖는다.

2. 증제, 건조

덖음팬에 소금물(물 500ml, 소금 1ts)을 붓고 김이 오르면 채반을 1~2분 찐다. 찐 꽃은 꺼내어 식히고, 반나절 자연건조한다.

3. 중온덖음

면포를 깔고 중온에서 덖은 다음, 대나무 채반에 담아 식힌다.

4. 수분체크

① 한지를 깔고 저온에서 1~2시간 그대로 두어 수분을 날린다.

② 뚜껑을 덮고, 수분이 올라오면 뚜껑을 열어 물기를 닦아준다. 10분간 수분이 올라오지 않으면 온도를 올려 잔여 수분을 확인하고 더 이상 수분이 올라오지 않으면 마무리를 한다. 소독한 병에 담아 밀봉 보관한다.

꽃차 우리기

다관에 민들레꽃차 4~5송이를 넣고 100℃의 뜨거운 물을 부어 첫물은 세차하고 다시 물을 부어 2~3분 정도 우려서 마신다. 민들레의 쓴맛보다는 구수한 맛과 향이 살아있는 맛있는 봄차~

봄
꽃

박태기꽃차
(Chiness Redbud)

월경불순 등 부인과와 신경계 질환에 좋은 꽃차

박태기는 밥알 모양과 비슷한 꽃이 핀다고 하여 지어진 이름으로, 일부 지방에서는 밥티나무라고도 한다. 북한에서는 꽃봉오리가 구슬 같다 하여 구슬꽃나무라 하고 그리스말로는 Cercis, 즉 칼처럼 생긴 꼬투리가 달린다 해서 칼집나무라고 부른다. 4월에 잎이 나기 전에 나비 모양의 자주색 꽃이 7~8송이, 많으면 20~30송이씩 한군데 모여 달린다. 진홍빛 작은 꽃들이 다닥다닥 붙어 있어서 매우 화려하고 모양이 독특하여 정원이나 공원에 많이 심는다.

자형화 이야기

중국 남조시대 양나라(梁, 502~557)의 오균(吳均, 469~520)이 쓴 『속제해기(續齊諧記)』에서 '자형화(일명 박태기나무꽃)'에 대한 일화를 전한다. 옛날 전진(田眞)이라는 사람과 두 아우가 한 집에 같이 살고 있었는데, 형제들은 분가해서 살기로 의논하고 재산을 똑같이 나누었다. 마지막으로 뜰에 박태기나무도 자르려고 가보니 나무가 시들시들 죽어가고 있었다. 이것을 보고 전진이 "나무를 우리가 억지로 자르려고 하니 스스로 시들어 버렸구나. 한 형제끼리 화목하게 잘 지내야 하는데 뿔뿔이 흩어질 생각을 하였으니 우리가 나무보다 못했구나!"라고 탄식하며 나무를 자르지 않고 그냥 두었다. 그러자 신기하게도 나무가 예전처럼 활기를 되찾고 잎이 무성해졌다. 형제는 크게 감동하여, 나눈 재산을 하나로 모으고 화목하게 지내며 힘을 합하여 집안을 크게 일으켰다. 사람들은 박태기나무가 형제를 화목하게 하고 가업을 일으키게 해준다고 여겨 집집마다 많이 심었다고 한다.

박태기		
학명 Cercis chinensis		**식용·약용** 꽃, 줄기, 뿌리
과명 콩과		**원산지** 중국
생약명 자형피(紫荊皮)		**꽃말** 우정, 사랑
성미 성질은 평하고 무독하며 맛은 쓰다.		**효능** 부인과 및 신경계 질환, 산후복통, 대하증, 산증, 신경통, 옹종, 외상소독, 월경불순, 월경통 등에 효과가 있다.
개화시기 4월		

박태기꽃차 제다 과정

1. 세척, 손질

꽃봉오리와 갓 피어난 꽃을 채취한다. 꽃들이 뭉쳐서 피어나므로 가지에서 꽃을 하나씩 떼어내어 손질하고 흐르는 물에 씻어서 물기를 뺀다.

2. 증제, 건조

덖음팬에 물 200cc와 소금 1ts를 넣고 끓이다가 김이 오르면 불을 끄고, 채반에 담긴 꽃을 그대로 올려놓고 1분간 찐다. 서늘하고 바람이 잘 통하는 곳에서 건조한다.

3. 중온덖음

중온에서 직화로 덖어준다. 수분이 거의 날아가면 채반에 담아 식힌다.

4. 수분체크

① 한지를 깔고 저온에서 30분~1시간 그대로 두어 수분을 날린다.
② 뚜껑을 덮고, 수분이 올라오면 뚜껑을 열어 바로바로 물기를 닦아준다. 10분간 수분이 올라오지 않으면 온도를 올려서 잔여 수분을 확인하고 더 이상 수분이 올라오지 않으면 마무리를 한다. 소독한 병에 담아 밀봉 보관한다.

꽃차 우리기

다관에 박태기 꽃차 한 차시를 넣고 100℃의 찻물을 부어 꽃을 헹구어 낸 뒤, 다시 물을 부어 2~3분 정도 우려서 마신다. 작은 별들이 찻잔에 쏟아져 내린다. 꽃차인가 별차인가~

여름꽃 백일홍꽃차
(Zinnia)

통증을 완화하며 이질에 좋은 꽃차

백일홍은 일년생 초본으로 백일화라고도 하는데 6월부터 10월까지 백일 동안 꽃이 피고 진다고 하여 붙여진 이름이다. 100일 동안 꽃과 잎이 지지 않아 장수를 의미하기도 한다. 꽃의 지름은 5~15cm이고 색상은 흰색, 황색, 주홍색, 주황색, 분홍색 등 다양하고 화려하여 카니발 때 퍼레이드를 향해 던지는 꽃이기도 하다. 남미에서는 이 꽃이 마귀를 쫓고, 행복을 부르는 꽃이라고 생각했다. 원래 백일홍은 잡초였으나 개량을 거듭하여 현재의 모습이 되었다. 흔히 많은 사람들이 배롱나무의 꽃을 백일홍이라고도 하는데 이것은 다른 식물이다.

백일홍 이야기

옛날 어느 바닷가, 마을 사람들은 재앙을 막고 고기잡이를 무사히 하기 위해 해마다 수 천 년 먹은 구렁이에게 처녀를 제물로 바쳤는데, 이번에는 바우와 결혼을 앞둔 몽실이가 뽑혔다. 바우는 몽실이와 마을을 위해서 구렁이를 없애야겠다고 결심했다. 바우는 몽실이에게 백일이 지나도 자기가 돌아오지 않거나 돌아오는 배에 빨간 깃발이 꽂혀 있으면 자기가 죽은 것이므로 도망가고, 흰 돛이 보이면 구렁이를 없애고 돌아오는 것이라는 말을 남기고 떠났다. 몽실이는 바우를 위해 매일 기도했다. 드디어 100일 되는 날, 저 멀리 배 한 척이 다가오고 있었는데, 빨간 깃발이 보였다. 망연자실한 몽실이는 그 자리에서 쓰러져 죽고 말았다. 바우는 죽은 몽실을 끌어안고 울부짖었다. 깃발에 그만 구렁이 피가 묻은 줄도 모르고 달려온 것이었다. 바우는 자신의 실수로 몽실이가 죽은 것을 알고 비통해하며 양지바른 곳에 고이 묻어주었다. 그 후 그 곳에 빨간 꽃이 피어나 백 일 동안 피었는데 마을 사람들은 이를 '백일홍'이라 불렀다.

백일홍		
학명 Zinnia elegans	**식용·약용** 꽃	
과명 국화과	**원산지** 멕시코	
생약명 백일초	**꽃말** 순결, 인연	
성미 성질은 차고 맛은 쓰고 맵다.	**효능** 항염, 항균 작용이 있어 통증을 일으키는 증상에 도	
개화시기 6~10월	움이 된다. 이질에도 효과가 있다.	

백일홍꽃차 제다 과정 ✻

1. 채취, 손질

이른 아침 막 피어나는 꽃을 채취하여 줄기를 떼어내고 깨끗이 다듬어 씻는다. 물기를 뺀다.

2. 초벌덖음

팬을 달군 다음 불을 끄고 한지를 깐 뒤 꽃잎이 아래를 향하게 가지런히 올린다. 저온에서 덖는다. 꽃잎의 수분이 빠지면서 색이 조금씩 짙어지면 대나무 집게를 이용하여 뒤집으면서 덖는다. 덖은 꽃은 채반에 담아 식힌다.

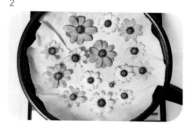

3. 중온덖음

온도를 조금 올리고 교반하면서 덖은 다음, 채반에 담아 식힌다.

4. 수분체크

① 한지를 깔고 저온에서 30분~1시간 그대로 두어 수분을 날린다.

② 뚜껑을 덮고, 수분이 올라오면 뚜껑을 열어 물기를 닦아준다. 10분간 수분이 올라오지 않으면 온도를 올려 잔여 수분을 확인하고 더 이상 수분이 올라오지 않으면 마무리를 한다. 소독한 병에 담아 밀봉 보관한다.

꽃차 우리기

다관에 백일홍꽃차 3~5송이를 넣고 100℃의 찻물을 부어 꽃을 헹구어 낸 뒤, 다시 물을 부어 2~3분 정도 우려서 마신다. 찻잔에 둥둥 앞다투어 피워내는 이쁜 꽃님들~

여름꽃 버터플라이피꽃차
(Butterfly Pea)

시력 향상, 혈류 개선 등에 좋은 꽃차

　버터플라이피는 동남아 국가에서 흔히 볼 수 있는 다년생 초본이며 덩굴형 콩과 작물로 5m까지 자란다. 꽃모양이 나팔꽃 같기도 한 버터플라이피는 꽃잎이 나비의 날개를 닮았다고 나비콩이라고도 한다. 꽃에 안토시아닌 성분이 많이 들어있어 짙은 파란색을 띠는데, 동남아시아에서는 이 천연색소로 쌀을 염색하고 차, 칵테일의 재료로 쓴다. 우려낸 물을 이용하여 만든 파란색 국수와 밥도 유명하다. 우리나라에서는 생소하지만 태국 '안찬티(버터플라이피차)'는 건강차로 유명하여 여행객들의 선물로 사랑받고 있다.

꽃

- 트라클(1887~1914, 오스트리아 시인)

바람에 흔들리는 꽃잎이 그리는

기호, 오묘한 무늬

신의 파란 입김이

넓은 뜨락에 번진다.

맑게 번진다.

(중략)

숲에서 천사의 노래 들린다.

가까운 숲속에서

아이들을 위해 부르는 자장가 소리

버터플라이피	
학명 Clitoria ternatea **과명** 콩과 **개화시기** 6~9월 **식용·약용** 꽃, 잎, 뿌리 **원산지** 태국	**꽃말** 매혹, 매력 **효능** 안토시아닌이 많아 강력 항산화 작용을 하고, 탈모 예방, 피부미용, 노화 방지, 시력 향상 등의 효능이 있으며 야맹증에 도움이 된다. 혈류를 개선하고 모세혈관을 튼튼하게 한다.

버터플라이피꽃차 제다 과정 ✺

1. 세척, 손질

이른 아침에 갓 피어난 꽃으로 채취한다. 버터플라이피는 하루만 지나면 꽃이 지므로 채취 후 시들임 없이 바로 덖는다. 가볍게 세척하고 물기를 뺀 후, 꽃잎이 큰 것은 꽃잎을 펼쳐서 모양을 잡은 뒤에 덖는다.

2. 초벌덖음

덖음팬 온도를 저온으로 하고 한지를 깔고 꽃을 올려 덖는다. 꽃잎의 수분이 빠지면서 색이 조금씩 짙어지면 집게를 이용하여 뒤집는다. 채반에 담아 식히고 여러 번 반복한다.

3. 중온덖음

온도를 조금 올리고 교반하면서 빠르게 덖어 준 다음, 채반에 담아 식혀준다.

4. 수분체크

① 한지를 깔고 저온에서 30분~1시간 그대로 두어 수분을 날린다.

② 뚜껑을 덮고, 수분이 올라오면 뚜껑을 열어 바로바로 물기를 닦아준다. 10분간 수분이 올라오지 않으면 온도를 올려 잔여 수분을 확인하고 더 이상 수분이 올라오지 않으면 마무리를 한다. 소독한 병에 담아 밀봉 보관한다.

꽃차 우리기

다관에 버터플라이피꽃차 차시로 한 스푼을 넣고 100℃의 찻물을 부어 꽃을 헹구어 낸 뒤, 다시 물을 부어 2~3분 정도 우려 마신다. 푸른 바다가 펼쳐지는 눈이 즐거운 꽃차~~

벚나무꽃차
(Cherry Tree)

피로회복, 혈관 노화방지 등에 좋은 꽃차

벚나무는 우리나라 공원 혹은 집에 흔히 심는 왕벚나무, 산벚나무 등 10여종이 산과 들에 자생하고 있다. 4~5월경에 연분홍색 또는 흰색 꽃이 잎보다 먼저 피고 2~5개가 산방상(揀房狀) 또는 총상(總狀)으로 달린다. 열매는 6~7월에 빨간색에서 검은색으로 익는다. 버찌라고 하는데 요즘은 잘 먹지 않지만 예전 먹거리가 부족할 때는 과일처럼 따서 먹기도 했다. 발효액이나 술을 담그기도 한다. 팝콘처럼 터지며 휘날리는 꽃이 아름다워 벚꽃이 피는 계절이면 가족들과 연인들이 벚꽃놀이로 거리를 가득 채운다.

꽃

- 외국 시

나무들 중에서 가장 사랑스러운 벚나무는
이제 가지마다 만발한 꽃을 피우고
부활절에 즈음하여 흰 옷을 입고서
숲속, 오솔길 옆에 줄지어 있구나.

내 평생 일흔 살 생애 중에서
다시는 스무 살이 돌아오지 않으리.
일흔 번의 봄에서 스무 번을 뺀다면
가만 있자, 남은 것은 쉰뿐이구나.

화사로운 꽃을 보기에는
쉰 번의 봄도 너무 짧으매
벚꽃이 피어 있는 숲으로 가서
흰 눈처럼 피어 있는 꽃을 보련다.

벚꽃		
학명 Prunus serulata	**식용·약용** 꽃, 열매(6~7월)	
과명 장미과	**원산지** 한국, 일본, 중국	
생약명 櫻披(앵피)	**꽃말** 결박, 절세미인	
성미 맛은 달고 떫으며 성질은 따뜻하고 독이 없다.	**효능** 피로회복, 변비해소, 여성 질환, 기침과 식중독, 혈관 노화방지 좋다.	
개화시기 4~5월		

벚나무꽃차 제다 과정 ✻

1. 세척, 손질

아직 꽃을 피우지 않은 꽃망울 또는 갓 피어나는 꽃을 채취한다. 줄기를 제거하고 꽃을 잘 다듬어 가볍게 씻어 물기를 뺀다. 겹벚꽃은 체리모양으로 손질해서 덖는다.

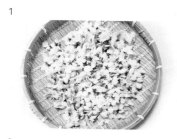

2. 초벌, 건조

덖음팬을 F점에 놓고 한지를 깐다. 한지 위에 꽃망울을 올리고 덖어준다. 막 피기 시작한 꽃은 엎어놓고 덖는다. 열에 약한 꽃이므로 온도조절을 잘 해서 덖는다. 덖음과 식힘을 반복하고 건조한다.

3. 중온덖음

덖음팬에 한지를 깔고 중온에서 교반하면서 덖음한 다음, 바깥으로 꺼내어 식힌다.

4. 수분체크

① 한지를 깔고 저온에서 30분~1시간 그대로 두어 수분을 날린다.

② 뚜껑을 덮고, 수분이 올라오면 뚜껑을 열어 물기를 닦아준다. 10분간 수분이 올라오지 않으면 온도를 올려 잔여 수분을 확인하고 더 이상 수분이 올라오지 않으면 마무리를 한다. 소독한 병에 담아 밀봉 보관한다.

꽃차 우리기

다관에 벚꽃차를 차시로 한 스푼 넣고 100℃의 끓는 물을 부어 꽃을 헹군 뒤, 다시 물을 부어 2~3분 정도 우려서 마신다. 연분홍빛이 살짝 감도는 벚꽃잎이 사랑스럽다. 봄바람 휘날리며~

베고니아꽃차
(Perpetual Begonia)

피로회복, 감기 예방에 효과가 있는 꽃차

베고니아는 열대 아메리카에 자생하는 식물로 그 이름은 식물학 연구 후원자이자 프랑스령 아이티 및 캐나다 총독이었던 미카엘 베곤(M. Michael. Begon)의 이름에서 비롯되었다. 여러해살이풀이며 원산지는 아메리카인데, 이후 유럽으로 전달되면서 품종이 다양하게 개발되었다. 베고니아는 봄부터 가을까지 매우 긴 시간 동안 촘촘하게 꽃을 많이 피운다. 꽃 색깔은 빨강, 노랑, 흰색 등 다양하다. 셈파플로렌스종은 사철 꽃을 피우므로 사철 베고니아라고도 한다. 식용꽃으로 유명하고 0.1㎖ 부피에 2천 개의 씨앗이 몰려 있어 '초미세종자'라고도 부른다. 꽃말은 '나는 당신을 짝사랑합니다.'인데 이는 잎이 어긋나게 자라는 데서 기인한 것이다.

베고니아 이야기

옛날 어느 나라에 왕과 여섯 명의 왕자가 있었는데 왕이 나이가 들어 여섯 왕자를 불러 왕위를 물려주고자 하였으나 여섯 왕자 모두 왕이 되는 것을 원하지 않았다. 왕은 왕위를 물려 줄 왕자를 정하지 못하고 고민하다 세상을 떠나게 되었다. 왕이 죽은 후 무덤에서 돋아난 풀이 있었는데, 이 풀에서 잎사귀 하나가 땅에 떨어지더니 이내 또 하나의 풀이 돋아났다고 한다. 이것을 본 여섯 왕자들은 죽은 왕의 뜻으로 알고 나라를 여섯으로 나누어 서로 평화롭게 다스렸다. 바로 이 무덤가에 자란 풀이 베고니아라는 전설이 전해지고 있다.

베고니아	
학명 Begonia	**원산지** 아메리카, 열대, 아열대
과명 베고니아과	**꽃말** 친절, 짝사랑
성미 성질은 서늘하고 맛은 시고 달다.	**효능** 감염을 일으키는 세균을 사멸시키는 효능이 있어 상
개화시기 4~11월	처 난 부위나 염증 치료에 좋고 피로회복, 감기예방
식용·약용 꽃	등에 효과적이다.

베고니아꽃차 제다 과정 ✵

1. 채취, 위조

갓 피어난 신선한 꽃을 채취하여 깨끗이 손질한다. 수분이 많은 꽃
이므로 한나절 위조한다.

2. 초벌덖음

덖음팬을 약간 달군 다음 불을 끄고 한지 또는 면포를 깔아 준다.
꽃을 올리고 뒤집으면서 덖는다. 덖은 꽃을 대나무 채반에 담아 식
힌다. 이 과정을 반복하면서 덖어준다.

3. 중온덖음

덖음팬에 한지를 깔고 중온에서 덖은 다음 채반에 담아 식힌다.

4. 수분체크

① 한지를 깔고 저온에서 30분~1시간 그대로 두어 수분을 날린다.

② 뚜껑을 덮고, 수분이 올라오면 뚜껑을 열어 바로바로 물기를 닦
   아준다. 10분간 수분이 올라오지 않으면 온도를 올려서 잔여 수
   분을 확인하고 더 이상 수분이 올라오지 않으면 마무리를 한다.
   소독한 병에 담아 밀봉 보관한다.

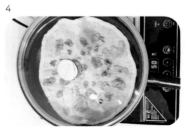

꽃차 우리기

다관에 베고니아꽃차 5~6송이를 넣고 100℃의 찻물을 부어 꽃을
헹구어 낸 뒤, 다시 물을 부어 2~3분 정도 우려내어 마신다. 화려한
색깔이 하나하나 그대로 살아 있어 바라만 봐도 힐링힐링~

봄꽃 **블루베리꽃차**
(Blueberry)

눈 건강을 개선하고, 기억력 저하를 예방하는 꽃차

블루베리는 산성(酸性)의 흙에서 잘 자라며, 봄이면 하얀꽃이 줄기와 송이 끝에 조롱조롱 매달리듯이 피어난다. 꿀벌을 통해 수분이 이루어지며 꽃이 핀 다음 보통 2~3개월 후면 열매를 맺는다. 미국에서 선정한 10대 슈퍼푸드에 속한 블루베리는 비타민 C, 비타민 E, 망간 등의 영양소가 풍부하며, 생리활성 물질인 폴리페놀, 안토시아닌 등도 풍부하다. 또한 눈 건강에 좋다. 제2차 세계대전 중에 영국 공군의 조종사가 빵에 블루베리를 빵 두께만큼 발라 먹고 "희미한 빛 속에서도 물체가 잘 보였다."라고 증언한 것이 실마리가 되어 학자들이 연구한 결과, 시력 개선 효과가 있다는 것이 판명되었다.

春望詞 四首(춘망사 4수) 봄날의 바람

- **설도**(薛濤, 당나라 시인이자 기생)

花開不同賞(화개불동상)	꽃이 피어도 함께 즐길 이 없고
花落不同悲(화락불동비)	꽃이 져도 함께 슬퍼할 이 없네
欲問相思處(욕문상사처)	묻고 싶어라. 그리운 그대 있는 곳
花開花落時(화개화락시)	꽃피고 꽃 지는 이 시절에
攬草結同心(남초결동심)	풀을 뜯어 한 마음으로 맺어
將以遺知音(장이유지음)	이것으로 소식을 보내려 하네

블루베리	
학명 Vaccinium spp	**원산지** 북아메리카
과명 진달래과	**꽃말** 현명, 친절
성미 성질은 차고 달다.	**효능** 눈의 피로를 덜어주고 맑게 해주는 등 눈 건강을 개선
개화시기 4월	한다. 또한 노화로 인한 기억력 저하 예방에도 효과적
식용·약용 꽃, 잎, 열매	이다.

블루베리꽃차 제다 과정 ✽

1. 세척, 손질

갓 피어난 꽃을 채취하여 가볍게 세척하고 물기를 뺀다.

2. 초벌덖음

덖음팬을 달군 뒤 불을 끄고 한지를 깔고 꽃을 올려 덖는다. 꽃잎의 수분이 빠지면서 색이 조금씩 짙어지면 대나무 집게를 이용하여 덖는다. 채반에 담아 식힌다. 반복한다.

3. 중온덖음

덖음팬에 한지를 깔고 중온에서 교반하면서 덖은 다음, 채반에 담아 식혀준다.

4. 수분체크

① 한지를 깔고 저온에서 30분~1시간 그대로 두어 수분을 날린다.

② 뚜껑을 덮는다. 뚜껑에 김이 서리면 바로바로 물기를 닦아준다. 10분간 김이 서리지 않으면 온도를 올려 잔여 수분을 확인하고 더 이상 수분이 올라오지 않으면 마무리를 한다. 소독한 병에다가 담아 밀봉 보관한다.

꽃차 우리기

다관에 블루베리꽃차를 차시로 한 스푼 넣고 100℃의 찻물을 부어 꽃을 헹구어 낸 뒤, 다시 물을 부어서 2~3분 정도 우려내어 마신다. 영롱한 이슬 맺히고 꽃들의 잔치가 시작된다.

봄
꽃
산사화차
(Chinese Hawthorn)

소화기능을 강화하고 혈관을 튼튼하게 해주는 꽃차

산사나무라는 명칭은 '산에서 나는 풀명자나무'라는 뜻을 가지고 있으나, 실제로 산사나무와 풀명자나무(Chaenomeles Japonica)는 전혀 다른 종에 해당한다. 열매는 사과 모양을 띠는 이과(梨果)로 둥글고 백색 반점이 있다. 지름은 약 1.5cm이고 9~10월경에 붉은 빛으로 익으며, 달콤하면서도 새콤한 맛이 있어 열매 그대로 먹을 수도 있지만, 떡이나 과실주, 정과, 화채, 차, 주스 등으로 만들어 먹기도 한다. 중국에서는 식후 녹차와 함께 산사열매를 먹는 풍습이 있다. 후식으로 먹으면 몸속에 쌓이는 콜레스테롤을 분해해주기 때문이다.

산사나무 이야기

영국 최초의 교회가 세워진 글래스턴베리에는 예수의 제자 요셉이 가브리엘 대천사의 명령대로 교회를 세우고 웨어리올 언덕에 산사나무 지팡이를 꽂았더니 바로 뿌리가 내리고 꽃을 피웠다는 전설이 있다. 또 로마시대에는 시민의 건강을 지키는 여신 카르나(Carna)의 성목이라고 하였으며, 이 여신이 신생아의 피를 빠는 마조(魔鳥)를 쫓아내는 힘을 가졌기 때문에, 갓난아이의 요람에 그 가지를 넣는다는 이야기와 같은 여러 전설들이 전해 내려오고 있다. 또한 산사나무의 가시가 귀신으로부터 집을 지켜주고 잡귀를 물리치는 등 신비한 힘이 있다고 생각하여 산사나무로 울타리를 만들고 침실에 나뭇가지를 갖다 놓았다고 한다.

산사화	
학명 Crataegus pinnatifida	**식용·약용** 꽃, 열매
과명 장미과	**원산지** 한국
생약명 산사자(山查子), 산사육(山査肉)	**꽃말** 유일한 사랑
성미 성질은 따뜻하고 맛은 달고 시다.	**효능** 소화를 돕고 소화기능을 강화하며 위와 혈관을 튼튼하
개화시기 4~5월	게 한다. 지방분해효소가 있어 비만에도 도움이 된다.

산사화차 제다 과정 ✳

1. 채취, 손질

갓 피어난 꽃을 채취하여 줄기를 떼어 내고 작은 잎은 조금 남겨, 소금을 약간 넣은 물에 씻어 물기를 뺀다.

2. 초벌, 건조

덖음팬이 약간 달궈지면 불을 끄고 면포를 깔고 꽃을 올려 덖는다. 덖은 꽃은 대나무 채반에 담아 식힌다. 이 과정을 반복하고 자연 건조한다.

3. 중온덖음

덖음팬에 면포를 깔고 중온에서 덖은 다음, 채반에 담아 식힌다.

4. 수분체크

① 한지를 깔고 저온에서 30분~1시간 그대로 두어 수분을 날린다.

② 뚜껑을 덮고, 수분이 올라오면 뚜껑을 열어 바로바로 물기를 닦아준다. 10분간 수분이 올라오지 않으면 온도를 올려서 잔여 수분을 확인하고 더 이상 수분이 올라오지 않으면 마무리를 한다. 소독한 병에 담아 밀봉 보관한다.

꽃차 우리기

다관에 산사화차를 차시로 한 스푼 넣고 100℃의 찻물을 부어 꽃을 헹구어 낸 뒤, 다시 물을 부어서 2~3분 정도 우려내어 마신다. 산사의 은은하고 달콤한 향이 맛있게 올라온다.

산수유꽃차

봄꽃 (Cornus)

성기능 향상, 신장, 중금속 제거에 좋은 꽃차

산수유는 생동하는 봄의 전령으로 한국, 중국 등이 원산지이며, 우리나라 전역에서 자생한다. '남자한테는 참 좋은데 어떻게 말을 못 하겠네.'라는 광고의 주인공이 바로 산수유이다. 산수유를 이렇게 표현한 이유는 산수유가 신장 기능을 강화시키는 데 특효가 있기 때문이다. 여성들에게도 좋지만 남자에게 특히 좋은 차로 알려져 있다. 꽃은 3~4월에 잎보다 먼저 노란색으로 피는데 이른 봄에 피는 꽃나무들은 대부분 잎보다 꽃이 먼저 핀다.

산수유 이야기

옛날 어느 마을에 몸이 불편한 아버지의 병을 고치기 위해 매일 약초를 캐는 효심 지극한 딸이 있었다. 하루는 딸이 약초를 캐다 산신령을 만났는데, 다른 사람에게는 절대 말하지 말라며 빨간 열매를 주었다. 아버지가 그 열매를 먹고 병이 낫자 딸은 아버지에게 사실대로 말했다. 아버지는 그 말을 동네사람들에게 전했다. 그러자 사람들은 열매를 찾겠다며 산을 뒤지며 망가뜨리기 시작했다. 산신령이 노하여 두 부녀가 사는 집에 산사태를 일으켜 죽이려 들자, 아버지는 자기 잘못이니 딸만은 살려달라고 애원했다. 홀로 살아난 딸은 아버지를 살리고자 산신령에게 쉬지 않고 기도했다. 딸의 효심에 마음이 움직인 산신령은 그 열매가 있는 곳을 다시 알려주고 그 열매를 먹은 아버지는 되살아났다. 그 빨간 열매는 다름 아닌 산수유였다.

산수유	
학명 Cornus officinalis	**식용·약용** 꽃, 열매(9~10월)
과명 층층나무과	**원산지** 한국, 중국
생약명 산수유(山茱萸), 석조(石棗), 촉조(蜀棗), 육조(肉棗)	**꽃말** 영원불변
성미 약간 따뜻하고, 맛은 시고 떫으며 독이 없다.	**효능** 성기능 향상, 하혈, 대하, 요실금, 다한증, 간장, 신장,
개화시기 3~4월	당뇨, 중금속 제거 등에 효과가 있다.

산수유꽃차 제다 과정 ✻

1. 세척, 손질

청정지역에서 막 피어나는 꽃이나 반쯤 피어난 꽃을 채취한다. 가위를 이용하여 꽃대와 가지를 제거하고 꽃만 따서 손질한다. 손으로 꽃만 따도 똑똑 잘 떨어진다.

2. 초벌, 건조

덖음팬에 한지를 깔고 꽃을 올려 저온에서 덖는다. 열에 강한 꽃이어서 색깔이 쉽게 변하지는 않는다. 덖은 꽃을 대나무 채반에 담아 식힌다. 덖음과 식힘을 반복하고, 통풍이 잘되는 곳으로 옮겨 건조한다.

3. 중온덖음

덖음팬에 한지를 깔고 중온에서 덖은 다음, 채반에 담아 식힌다.

4. 수분체크

① 한지를 깔고 저온에서 1~2시간 그대로 두어 수분을 날린다.

② 뚜껑을 덮고, 수분이 올라오면 뚜껑을 열어 바로바로 물기를 닦아준다. 10분간 수분이 올라오지 않으면 온도를 올려 잔여 수분을 확인하고 더 이상 수분이 올라오지 않으면 마무리를 한다. 소독한 병에 담아 밀봉 보관한다.

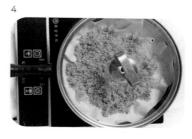

꽃차 우리기

다관에 산수유꽃차를 차시로 한 스푼 넣고 100℃의 끓는 물을 부어 첫물은 버린 뒤, 다시 물을 부어 3분 정도 우려서 마신다. 연한 노란색의 차색이 향긋한 봄내음을 더한다.

생강나무꽃차
(Korean Spicebush)

봄꽃

삔 데, 타박상, 혈액순환 등에 좋은 꽃차

*생강나무*는 이른 봄을 가장 먼저 알리는 목본이다. 전국의 산속에서 자라는 생강나무는 우리나라 자생식물이다. 키는 4m 정도이고 암수딴그루로 2~3월에 잎겨드랑이에서 잎보다 먼저 노란꽃이 피어난다. 생강나무는 상처를 내면 진한 향을 발산하는데 냄새가 생강냄새와 비슷하다 하여 해서 붙여진 이름이다. 산수유와 꽃 모양이 비슷하여 많이 헷갈리는데, 꽃이 꽃대에 매달려 있으면 산수유이고 꽃대 없이 가지에 뭉쳐서 피면 생강나무이다. 주변에서 흔히 볼 수 있는 것은 산수유이다. 어린잎은 데쳐서 식용하고, 한방 에서는 생강나무 껍질을 '삼첩풍(三╒風)', 말린 가지를 '황매목(黃梅木)'이라 하여 약재로 이용한다.

춘야(春夜)

- **소동파**(蘇東坡, 1037~1101, 송나라 시인)

春宵一刻直千金(춘소일각치천금)	봄밤의 한 순간은 천금과 같고
花有淸香月有陰(화유청향월유음)	맑게 퍼지는 꽃향기와 달그림자
歌管樓臺人寂寂(가관누대성적적)	누각의 풍악소리 잦아들고
鞦韆院落夜沈沈(추천원락야침침)	그네 뛰던 뜰에 봄밤이 깊어가네

생강나무		
학명 Lindera obtusiloba BL.	**식용·약용** 꽃, 가지, 열매(9월)	
과명 녹나무과	**원산지** 한국, 일본, 중국	
생약명 황매목(黃梅木)	**꽃말** 수줍음, 사랑의 고백, 매혹	
성미 성질은 따뜻하고 매운맛이 난다.	**효능** 삔 데, 타박상, 어혈, 위통과 오한감기에 도움이 되고	
개화시기 2~4월 초순 이전에 아주 작은 노란꽃을 피운다.	혈액순환을 원활하게 한다.	

생강나무꽃차 제다 과정 ❋

1. 세척, 손질

꽃봉오리가 많이 벌어지지 않은 꽃으로 채취해 세척하여 물기를 털고, 꽃과 가지를 잘 분리하여 따로 덖는다. 가지는 사선으로 잘게 잘라 커피콩처럼 생강나무콩을 만든다. 가지에 달린 꽃을 그대로 두고, 15cm 정도 막대처럼 잘라서 스틱차로 덖어도 좋다.

2. 살청, 건조

덖음팬을 고온에서 살청하며 덖는다. 골고루 열이 전달될 수 있도록 잘 펼쳐 꾹꾹 눌러주고 빠르게 뒤집기를 반복하며 덖는다. 이 과정을 반복하고 대나무 채반에 펼쳐 담아 부채질을 이용하여 열기를 빠르게 뺀 뒤 통풍이 잘되는 곳에서 건조한다. 수분이 많은 꽃이므로 온도가 높으면 갈변되기 쉽다. 색을 살리고 싶으면 저온에서 한지를 2장 깔고 덖어도 된다.

3. 중온덖음

한지를 깔고 덖어준다. 어느 정도 수분이 제거되어 까슬까슬한 상태가 되면 꺼내어 식힌다.

4. 수분체크

① 한지를 깔고 저온에서 1~2시간 그대로 두어 수분을 날린다.
② 뚜껑을 덮고, 수분이 올라오면 뚜껑을 열어 바로바로 물기를 닦아준다. 10분간 수분이 올라오지 않으면 온도를 올려 잔여 수분을 확인하고 더 이상 수분이 올라오지 않으면 마무리를 한다. 소독한 병에 담아 밀봉 보관한다.

꽃차 우리기

다관에 생강나무꽃차 한 차시를 넣고 100℃의 끓는 물을 부어 첫물은 버리고 다시 물을 부어 2~3분 정도 우려서 마신다. 노랗게 미소 짓는 수색에 알싸한 생강 맛이 입안을 맴돌아 산뜻함을 더한다.

서부해당화차
(Hall Crabapple)

소화불량, 식욕부진, 감기예방 등에 좋은 꽃차

*서부해당화*는 장미과에 속하는 낙엽활엽 작은 키나무로 높이 3~5m로 자란다. 중국의 경우 야생
사과 종류를 일컬어 해당(海棠)이라고 부른다. 우리나라에서는 '할리아나꽃사과'라고 부르다가 국명이
현재는 '서부해당'으로 바뀌었다. 꽃줄기가 가늘어서 수서해당화라고 부르고 한방에서는 '수사해당'이라
고 한다. 꽃은 4~5월에 분홍색을 띠며 산형화서로 가지 끝에서 4~7개가 달린다. 꽃의 크기는 지름이 약
4cm 정도이며 겹꽃으로 핀다. 꽃받침과 꽃자루도 홍색이며 노란꽃술이 예쁘다. 작고 앙증맞은 분홍꽃이
풍성하게 아름답게 피어 전국의 정원, 수목원에서 관상수로 심는다.

작야우(昨夜雨)

- 송한필(宋翰弼, 1539 ~, 조선 중기 학자)

花開昨夜雨(화개작야우)	어젯밤 비에 온갖 꽃이 피더니
花落今朝風(화락금조풍)	오늘 아침 바람에 그 꽃들이 떨어지는구나
可憐一春事(가련일춘사)	가련하다 한바탕의 꿈같은 봄날의 일이여
往來風雨中(왕래풍우중)	비바람 속에 오락가락 하는구나

서부해당화	
학명 Malus halliana Koehne **과명** 장미과 **성미** 서늘하며, 맛은 시고 떫다. **개화시기** 4~5월	**식용·약용** 꽃 **원산지** 중국 **꽃말** 화사한 미소 **효능** 피로회복, 변비, 소화불량, 식욕부진, 감기예방에 좋다.

서부해당화차 제다 과정 ✿

1. 세척, 손질

꽃봉오리 상태의 꽃을 채취하여 꽃과 자루를 한 송이처럼 손질하고, 가볍게 세척하여 물기를 뺀다.

2. 초벌덖음

덖음팬 온도를 저온으로 하고 면포를 깔고 한 송이씩 가지런히 올린다. 꽃잎의 수분이 빠지면서 색이 조금씩 짙어지면 대나무 집게를 이용하여 뒤집으면서 덖는다. 대나무 채반에 담아 식힌다. 반복한다.

3. 중온덖음

온도를 조금 올리고 교반하면서 덖은 다음, 채반에 담아 식혀준다.

4. 수분체크

① 한지를 깔고 저온에서 30분~1시간 그대로 두어 수분을 날린다.

② 뚜껑을 덮고, 김이 서리면 뚜껑을 열어서 바로바로 닦아준다. 10분간 김이 서리지 않으면 온도를 올려 잔여 수분을 확인하고 더 이상 수분이 올라오지 않으면 마무리를 한다. 소독한 병에 담아 밀봉 보관한다.

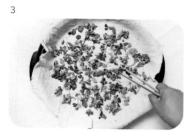

꽃차 우리기

다관에 서부해당화 꽃차 5송이를 넣고 100℃의 찻물을 부어 꽃을 헹구어 낸 뒤, 다시 물을 부어 2~3분 정도 우려서 마신다. 첫사랑의 설렘처럼 다가온 서부해당화차를 한 모금 살짝 머금으니 입가에 미소꽃이 핀다.

여 름 꽃

섬초롱꽃차
(Korean Bellfiower)

기침, 기관지염, 폐결핵 등에 좋은 꽃차

섬초롱은 여러해살이풀로 우리나라 특산종이며 울릉도 해안지대에서 자란다. 높이는 40~60cm 정도이고, 뿌리잎은 잎자루가 길고 심장모양이며 줄기, 잎은 잎자루가 없고 긴 타원형으로 거친 톱니가 있다. 6~7월에 줄기의 위쪽 잎겨드랑이에서 종 모양의 연한 자주색 꽃이 아래를 향해 몇 송이씩 핀다. 흰색 바탕에 짙은 색의 반점이 있는 것을 흰섬초롱꽃, 꽃이 자주색인 것을 자주섬초롱꽃이라 한다. 봄에 돋아나는 연한 잎은 생채로 이용할 수 있고, 꽃과 잎, 줄기는 튀김과 묵나물로, 뿌리는 장아찌로 먹는 등 식용 또는 약용으로 다양하게 활용할 수 있다.

섬초롱 이야기

한 고을에 종치기 노인이 살고 있었다. 젊은 시절 전쟁터에서 다리에 큰 부상을 입어 힘든 일은 할 수가 없었기에 마을에서 종을 치는 일을 맡겼다. 노인은 비록 몸은 불편하지만 고을사람들을 위해서 무엇인가를 할 수 있다는 보람에 하루 세 번, 종을 치는 일을 천직으로 여기며 열심히 일했다. 어느 날 고을에 성미가 괴팍한 원님이 부임하여 종소리가 시끄럽다며 종을 치는 것을 중지시켰다. 일생을 오로지 종치는 것을 낙으로 여기며 살아온 그 노인에게는 청천벽력 같은 일이었다. 노인은 마지막 종을 치던 날, 슬픔과 절망에 빠져 종탑에서 몸을 던지고야 말았다. 마을 사람들은 불쌍한 종치기 노인을 마을 앞 양지바른 곳에 정성스레 묻어 주었다. 이듬해 봄이 되자 그 무덤에서 종처럼 생긴 초롱꽃이 피어났다고 한다.

섬초롱	
학명 Campanula takesimana	**식용·약용** 꽃, 줄기, 잎, 뿌리
과명 초롱꽃과	**원산지** 한국
생약명 자반풍령초(紫斑風領草)	**꽃말** 충실과 정의
성미 서늘하고 맛은 쓰다.	**효능** 청열, 해독, 지통, 인후염과 두통에 효능이 있으며, 기
개화시기 6~8월	침, 기관지염, 폐결핵에도 효과가 있다.

섬초롱꽃차 제다 과정 ✿

1. 세척, 손질

꽃봉오리가 갓 피어나기 시작하는 꽃을 채취하여 꽃대는 제거하고 가볍게 씻어 물기를 뺀다.

2. 초벌덖음

덖음팬 온도를 저온으로 하고 면포를 깔고 꽃을 가지런히 올린다. 대나무 집게를 이용하여 뒤집으면서 덖는다. 대나무 채반에 담아 식힌다. 여러 번 반복한다.

3. 중온덖음

중온에서 덖은 다음, 소쿠리에 담아 식힌다.

4. 수분체크

① 한지를 깔고 저온에서 30분~1시간 그대로 두어 수분을 날린다.

② 뚜껑을 덮고, 수분이 올라오면 뚜껑을 열어 물기를 닦아준다. 10분간 수분이 올라오지 않으면 온도를 올려 잔여 수분을 확인하고 더 이상 수분이 올라오지 않으면 마무리 한다. 소독한 병에 담아 밀봉 보관한다.

꽃차 우리기

다관에 섬초롱꽃차 한 차시를 넣고 100℃의 찻물을 부어 꽃을 헹구어 낸 뒤, 다시 물을 부어 2~3분 정도 우려서 마신다. 풀잎처럼 맑은 찻물에서 종소리가 들리는 듯하다.

여름꽃 **수레국화차**
(Cornflower)

이뇨작용, 염증 해소, 기관지염 등에 좋은 꽃차

수레국화는 쌍떡잎식물 초롱꽃목 국화과의 한해살이풀 또는 두해살이풀꽃으로 6~9월까지 꽃이 피고 한번 피면 한 달 넘게 오래 동안 피는 고마운 꽃이다. 꽃 색깔은 남청색, 청색, 보라색 등 청색 계열로 아름답게 피어 더운 여름날 시원함을 느끼게 한다. 꽃이 수레바퀴 모양이며 국화를 닮아서 수레국화라 한다. 열매는 8~9월에 수과(여윈열매)로 여문다. 꽃은 꽃차와 샐러드로 이용할 수 있고 청색 염료제 등 다양하게 활용된다.

수레국화 이야기

어느 날 헤라클레스가 맷돼지를 잡기 위해서 사냥을 하다가 반인반마(半人半馬)인 켄타우루스 폴로스를 만나 극진한 대접을 받았는데, 포도주는 없었다. 포도주는 켄타우루스 공동의 소유였기 때문이었다. 헤라클레스는 한 잔만 마시자며 졸랐고 마음 약한 폴로스는 헤라클레스에게 포도주를 주었다. 그러자 켄타우루스들은 우르르 달려와 난동을 부렸다. 기분이 나빠진 헤라클레스는 헤라의 저주로 걸린 난폭함이 발동되어 켄타우루스들에게 활을 쏘았다. 활에는 히드라의 독이 가득 묻어 있었기 때문에 절대로 살 수가 없었다. 켄타우루스들은 도망치다가 현자 키론이 있는 동굴까지 갔다. 키론은 소란스러운 소리에 밖을 내다보다가 그만 화살에 맞고 말았다. 키론은 불사의 몸이었지만 히드라의 고통을 이겨낼 수는 없었다. 그가 죽은 자리에서 피어난 꽃이 바로 수레국화였다고 한다.

수레국화	
학명 Centaurea cyanus	**식용·약용** 꽃
과명 국화과	**원산지** 유럽 동부와 남부
생약명 시차국(矢車菊)	**꽃말** 행복
성미 성미는 차고 맛은 쓰다.	**효능** 이뇨작용을 하고 두통, 기침 완화에 좋으며 기관지염
개화시기 6~9월	등 염증 해소에 도움을 준다.

수레국화차 제다 과정 ❋

1. 세척, 손질

갓 피어나는 꽃을 따서 줄기는 깔끔하게 자른다. 씨방은 두꺼우므로 바람이 통할 수 있게 바늘이나 송곳을 이용해서 구멍을 뚫어준다. 꽃잎이 잘 떨어지는 꽃이라 처음부터 꽃잎을 일일이 뜯어 꽃잎만 덖어도 좋다.

2. 초벌덖음

덖음팬을 F점에 놓고 면포를 깐다. 꽃을 올리고 뒤집으면서 덖는다. 덖은 꽃을 채반에 담아 식힌다. 이 과정을 반복하면서 덖어준다.

3. 중온덖음

온도를 조금 올리고 교반하면서 덖어준다. 채반에 담아 식힌다.

4. 수분체크

① 한지를 깔고 저온에서 1~2시간 그대로 두어 수분을 날린다.

② 뚜껑을 덮고, 수분이 올라오면 뚜껑을 열어 바로바로 물기를 닦아준다. 10분간 수분이 올라오지 않으면 온도를 올려 잔여 수분을 확인하고 더 이상 수분이 올라오지 않으면 마무리를 한다. 소독한 병에 담아 밀봉 보관한다.

꽃차 우리기

다관에 수레국화차 한 차시를 넣고 100℃의 찻물을 부어 꽃을 헹구어 낸 뒤, 다시 물을 부어 2~3분 정도 우려서 마신다. 화려한 색깔과는 달리 은은한 노란빛의 수색에서 구수한 향이 '훅'하고 올라오는 매력이 있는 차이다.

수선화차
(Narcisism)

겨울꽃

자궁질환, 통증, 염증치료 등에 좋은 꽃차

수선화는 전 세계에 수천종의 품종이 있으며, 우리나라 제주에서도 40여종에 달하는 다양한 품종이 자생하고 있다. 11월 하순부터 시작하여 1~4월이면 제주 지방에 가득 피어난다. 하늘에는 천선(天仙), 땅에는 지선(地仙), 그리고 물에 있는 신선을 수선이라 하여 수선화를 수선에 비유했다. 혹독한 추위를 견디며 눈 속에 피어나는 꽃이라고 하여 설중화(雪中化)라고도 한다. 아름다운 꽃의 모양이 은받침 접시에 금술 잔을 올려놓은 것과 같다고 하여 금잔옥대(金盞玉臺)라고도 불린다. 추사 김정희가 사랑한 꽃으로도 유명하다. 꽃잎은 나팔모양이고 색깔은 노랑, 흰색, 다홍, 담홍색 등 다양하다.

신화 속 나르시스

그리스 신화에 나르시스라는 목동이 있었는데, 이 나르시스는 아주 잘생긴 청년이었다. 수많은 요정들이 그에게 반해 구애를 했지만 아무에게도 마음을 주지 않던 나르시스는 어느 날 양떼들을 데리고 호숫가에 갔다가 물속에 비친 한 청년에게 마음을 빼앗기게 된다. 물속에 비친 청년은 바로 나르시스 자신이었다. 그러나 자신인 줄 몰랐던 나르시스는 물속에 비친 청년과 사랑에 빠져 허우적대다가 끝내 자신의 모습을 쫓아 물속으로 들어가 버리고 만다. 나르시스가 있던 자리에서 꽃이 피어났는데 이 꽃이 바로 수선화(narcissus)이다.

수선화	
학명 Narcissus tazetta var. chinensis **과명** 수선화과 **생약명** 수선화, 수선근 **성미** 차고 약간 쓰고 맵다. **개화시기** 12~3월	**식용·약용** 꽃, 뿌리 **원산지** 지중해 연안, 동북아시아 **꽃말** 자기애, 자만, 자존심 **효능** 혈액순환, 월경조절, 자궁질환, 통증, 종기, 염증치료 에 도움이 된다.

수선화차 제다 과정 ❄

1. 세척, 손질

이른 아침 피어나는 꽃을 채취하여 손질한다. 줄기를 잡고 꽃잎을 흔들어 흐르는 물에 씻어준다. 꽃가위를 이용하여 꽃받침까지 꽃대를 잘라주고 꽃만 사용한다.

2. 초벌, 건조

덖음팬에 한지를 깔고 꽃잎이 위로 향하게 가지런히 올린다. 열에 강하여 꽃 색깔이 쉬이 변하지 않지만 모양을 잡기 위해 저온에서 천천히 덖는다. 어느 정도 수분이 날라가고 색이 진해지면 채반에 담아 식힌다. 덖음과 식힘을 반복한 후 자연 건조한다.

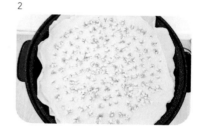

3. 중온덖음

덖음팬에 한지를 깔고 중온에서 덖음한 다음, 채반에 담아 식힌다.

4. 수분체크

① 한지를 깔고 저온에서 30분~1시간 그대로 두어 수분을 날린다.

② 뚜껑을 덮고, 수분이 올라오면 뚜껑을 열어 바로바로 물기를 닦아준다. 10분간 수분이 올라오지 않으면 온도를 올려 잔여 수분을 확인하고 더 이상 수분이 올라오지 않으면 마무리를 한다. 소독한 병에 담아 밀봉 보관한다.

꽃차 우리기

꽃샘추위를 이겨내며 수줍은 듯 피어오른 수선화! 향 짙은 수선화차를 다관에 차시로 한 스푼을 넣고 끓는 물을 부으니 수줍은 듯 하얀 레이스 치마를 흔들며 '이제 곧 봄이야.'라고 속삭인다.

쑥갓꽃차
(Crown Daisy)

봄
꽃

불면증, 변비, 피부미용 등에 좋은 꽃차

쑥갓은 1~2년생 초본으로 줄기는 털이 없고 식물체 전체에서 독특한 향기가 난다. 가지와 원줄기 끝에서 노란색 또는 흰색이 섞인 두화가 1개씩 달린다. 꽃은 지름 3cm 정도로 가장자리에 자성의 설상화가 달리고 중앙부에 양성화인 관상화가 달린다. 꽃이 아름다워 유럽에서는 관상용으로 재배를 하고 우리나라를 비롯하여 아시아에서는 식용으로 많이 재배를 한다. 독특한 향이 있어 꽃이 피기 전에 어린 것을 채취해서 생으로 쌈을 싸서 먹거나 국을 끓여 먹으면 향긋한 냄새가 풍미를 더해준다.

弼雲臺(필운대)

- 박문수(1691~1756, 숙종~영조 대의 암행어사)

君歌我嘯上雲臺(군가아소상운대)	그대는 노랫가락 읊조리고 나는 휘파람 불며 필운대에 오르니
李白桃紅萬樹開(이백도홍만수개)	오얏꽃 복사꽃 울긋불긋 나무 가득 꽃피었구나.
如此風光如此樂(여차풍광여차락)	이런 좋은 경치에 이 즐거움 또한 멋지거니
年年長醉太平盃(연년장취태평배)	세세 년년 태평술잔 가득 마시고 취하리라.

쑥갓	
학명 Chrysanthemum coronarium L.	**원산지** 지중해 연안
과명 국화과	**꽃말** 상큼한 사랑
생약명 동호(茼蒿)	**효능** 불면증·변비·위장질환을 완화한다. 쑥갓에는 칼륨
성미 평하거나 차갑고 맵고 달다.	이 풍부하게 함유되어 있어 고혈압, 뇌졸중 같은 성인
개화시기 4~5월	병 예방에 좋고 비타민 C도 풍부하여 피부미용에도
식용·약용 꽃, 잎, 줄기	도움이 된다.

쑥갓꽃차 제다 과정 ✺

1. 세척, 손질

갓 피어나기 시작하는 꽃을 채취하여 꽃만 따서 흐르는 물에 씻어 물기를 뺀다.

2. 초벌덖음

덖음팬에 면포를 깔고 저온에서 꽃을 엎어서 덖는다. 꽃잎의 수분이 빠지면서 색이 조금씩 짙어지면 대나무 집게를 이용하여 뒤집으면서 덖는다. 대나무 채반에 담아 식힌다. 여러 번 반복한다.

3. 중온덖음

온도를 조금 올리고 교반하면서 덖은 다음 수분이 거의 제거되어 까슬까슬해지면 채반에 담아 식힌다.

4. 수분체크

① 한지를 깔고 저온에서 30분~1시간 그대로 두어 수분을 날린다.

② 뚜껑을 덮는다. 뚜껑에 김이 서리면 바로바로 물기를 닦아준다. 10분간 김이 서리지 않으면 온도를 올려 잔여 수분을 확인하고 더 이상 수분이 올라오지 않으면 마무리를 한다. 소독한 병에 담아 밀봉 보관한다.

꽃차 우리기

다관에 쑥갓꽃차 5~6송이 가량 넣고 100℃의 찻물을 부어서 꽃을 헹구어 낸 뒤, 다시 물을 부어 2~3분 정도 우려내어 마신다. 향긋한 쑥갓향이 찻물을 타고 스리슬쩍 올라온다.

쑥꽃차
(Mugwort)

가을꽃

염증, 해독, 냉증 등에 좋은 꽃차

쑥은 순수 우리말로 아무데서나 '쑥쑥' 잘 자란다는 뜻에서 유래하였다. 여러해살이풀로 우리나라 전역에서 나는 잡초이기도 하다. 잎 뒷면에 흰털이 빽빽하게 나 있다. 높이는 60~120cm 안팎의 높이로 위로 곧게 자란다. 우리나라 속담에 "7년 된 병을 3년 묵은 쑥을 먹고 고쳤다"는 말이 있고, 단군신화에도 나오듯이 아주 오래 전부터 식용해 온 식물이다. 어린 순은 떡에 넣어서 먹거나 된장국을 끓여 먹고, 조금 자란 쑥은 말려서 '차나 약재'로 이용했다. 쑥은 3월 단오에 채취하여 말린 것이 가장 성분이 좋다.

쑥 이야기

후한시대 때 황달이 심하여 곧 죽을 것 같은 사람이 명의 화타를 찾아왔다. 화타는 당시 그 병을 고칠 만한 의술이 없어서 환자를 돌려보냈는데, 나중에 우연히 길에서 만났다. 근데 얼굴빛이 좋고 병이 다 나아 보여 화타는 어떻게 된 일인지 물었다. 환자가 말하길, 먹을 것이 없어서 풀을 뜯어 먹으면서 지냈다고 했다. 화타가 보니 '제비쑥'이었다. 화타는 돌아와 황달에 걸린 다른 환자에게 제비쑥을 먹였다. 그러나 며칠을 먹여도 차도가 없었다. 다시 예전 환자를 찾아가 언제 풀을 먹었는지 물어보니, 양식이 떨어진 음력 3월이라고 했다. 화타는 이듬해 3월, 인진쑥을 캐서 환자에게 먹였더니 병이 나았다. 화타는 약효가 있는 시기의 쑥을 사람들이 구별할 수 있도록 인진쑥(茵陳쑥)이라 부르게 하고 다음과 같은 시를 남겼다.

삼월 인진쑥, 사월 제비쑥
후세 사람들아 반드시 기억해 다오
사월 제비쑥은 불쏘시개일 뿐이라네.

쑥	
학명 Artemisia princeps	**식용·약용** 꽃, 잎
과명 국화과	**원산지** 한국
생약명 애엽(艾葉)	**꽃말** 평안
성미 성질은 따뜻하고 맵고 쓰다.	**효능** 냉증·염증과 세균을 억제하고, 해독작용이 있으며,
개화시기 7~10월	복통에 효과가 있다. 지혈제, 면역력 증강에도 좋다.

쑥꽃차 제다 과정 ✳

1. 세척, 손질

갓 핀 꽃을 줄기째 채취하여 5~6cm 길이로 마디마디 자르면서 다듬는다. 억센 것은 떼어낸다. 소금물에 담가 깨끗이 씻어내고 물기를 뺀다.

2. 증제, 건조

덖음팬 온도를 고온에 놓고 쑥꽃을 올린다. 면장갑을 끼고 양 손으로 쑥꽃을 살짝 눌렀다가 재빨리 뒤집어주기를 반복하면서 살청한다. 꽃이 많이 부드러워지고 색깔이 짙은 초록으로 변해가면 꺼내어 채반에 널어 식힌다. 부채질을 해주면서 식힌다. 반복한 후 자연건조한다.

3. 중온덖음

덖음팬에 면포를 깔고 덖은 다음 채반에 담아 식힌다.

4. 수분체크

① 면포를 깔고 저온에서 1~2시간 그대로 두어 수분을 날린다.

② 뚜껑을 덮고, 수분이 올라오면 뚜껑을 열어 바로바로 물기를 닦아준다. 10분간 수분이 올라오지 않으면 온도를 올려 잔여 수분을 확인하고 더 이상 수분이 올라오지 않으면 마무리를 한다. 소독한 병에 담아 밀봉 보관한다.

꽃차 우리기

다관에 쑥꽃차를 차시로 한 스푼 넣고 100℃의 찻물을 부어 꽃을 한 번 헹구어 낸 뒤, 다시 물을 부어 2~3분 정도 우려서 마신다. 쌉쌀하면서도 향긋한 쑥향따라 솔바람이 솔솔~

아까시꽃차
(False Acacia)

해독 작용, 신장염, 기관지염 등에 좋은 꽃차

*아까시*는 콩과에 딸린 갈잎큰키나무로 세계 각지의 산이나 들에서 자란다. 높이는 20~25m 정도로 자란다. 꽃은 잎이 난 가지에 작은 꽃이 여러 개 모여 한 꽃대에 자라고 열매는 타원형이며 5~10개의 종자가 들어있다. 5월이면 만개하는 아까시 꽃은 바라보기만 해도 행복하지만 향기가 매우 좋아서 꽃향기에 취할 정도이다. 나무는 가구재로 쓰고 꽃으로는 꿀을 얻을 수 있는데, 바로 아카시아꿀이다. 또한 꽃차를 비롯하여 꽃 튀김과 효소, 장아찌 등 이용도가 매우 다양하다. 한방에서는 말린 꽃이삭을 '자괴화(刺槐花)'라 하며 약재로 쓴다.

아까시의 전설

흰옷을 즐겨 입는 아름다운 귀족아가씨가 있었는데, 매일 하는 일 없이 놀면서 몸치장만 하였다. 어느 날 이 아가씨는 시를 낭송하며 지나가는 한 시인에게 반하여 사랑을 고백하게 된다. 그러나 시인은 외모보다는 내면의 아름다움을 중요시하는 사람이었으므로 아가씨한테서는 아무런 매력을 느낄 수 없어 눈길조차 주지 않았다. 아가씨는 시인의 마음을 얻기 위해 마녀를 찾아가 자신의 아름다움을 가져가고 대신 사랑에 빠지는 향수를 만들어 달라고 하였다. 아가씨는 마녀가 만들어 준 향수를 뿌리고 시인에게 다가갔으나 시인은 아무런 반응을 보이지 않았다. 시인은 후각을 잃은 사람이었던 것이다. 아름다운 외모도, 사랑도 잃은 아가씨는 시름시름 앓다가 죽고 말았는데, 그 자리에 하얀 아까시꽃이 피어났다는 이야기이다.

아까시	
학명 Robinia pseudo acacia	**식용·약용** 꽃, 잎, 뿌리
과명 콩과	**원산지** 북아메리카
생약명 자괴화(刺槐花)	**꽃말** 깨끗한 마음, 정신적인 사랑
성미 성질은 평범하고 맛은 달다.	**효능** 이뇨작용, 지혈작용, 해독작용 등이 있고, 붓기, 신장
개화시기 5~6월	염, 기관지염 등에 효과가 있다.

아까시꽃차 제다 과정 ❀

1. 세척, 손질

꽃이 붙어있는 가지째 채취하여 손으로 꽃이 붙어있는 줄기를 적당하게 자른다. 소금물에 담가 세척하고 물기를 뺀다. 줄기를 잡고 반대 방향으로 쭉 훑어주면 꽃만 후두둑 떨어진다. 스틱형으로 차를 즐기고 싶으면 막대 길이로 줄기를 잘라 덖으면 된다.

2. 초벌, 건조

덖음팬을 F점에 놓고 면포를 깔고 꽃을 올린다. 팬이 조금 따뜻해지고 꽃의 수분이 약간 날아가면 대나무 집게로 살짝 뒤적여 덖는다. 덖은 꽃을 채반에 담아 식힌다. 이 과정을 반복하고, 건조한다.

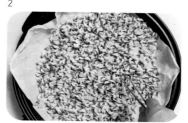

3. 중온덖음

온도를 조금 올리고 교반하면서 덖은 다음 채반에 담아 식혀준다.

4. 수분체크

① 면포를 깔고 저온에서 30분~1시간 그대로 두어 수분을 날린다.

② 뚜껑을 덮고, 수분이 올라오면 뚜껑을 열어 바로바로 물기를 닦아준다. 10분간 수분이 올라오지 않으면 온도를 올려 잔여 수분을 확인하고 더 이상 수분이 올라오지 않으면 마무리를 한다. 소독한 병에 담아 밀봉 보관한다.

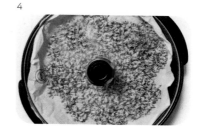

꽃차 우리기

다관에 아까시꽃차를 차시로 한 스푼 넣고 100℃의 끓는 물을 부어 첫물은 버린 뒤, 다시 물을 부어 2~3분 정도 우려서 마신다. 오월의 짙은 향기가 느껴지는 달콤한 꽃차이다.

여름꽃

아마란스꽃차
(Amaranth)

고혈압, 당뇨 등 성인병 예방에 좋은 꽃차

아마란스는 '영원히 시들지 않는 꽃'이라는 고대 그리스어에서 유래되었는데, 실제로는 1년밖에 못 사는 한해살이풀이다. 영원히 시들지 않는다는 형용사가 붙은 건 꽃이 시드는 데 시간이 좀 오래 걸리기 때문이다. 아마란스는 '신이 내린 곡물'이라 불릴 정도로 각종 영양소가 풍부한 슈퍼 곡물 중 하나이다. 다른 곡류에 비해 단백질 함량이 높고, 필수 아미노산을 함유하고 있으며, 특히 당뇨와 고혈압에 좋다. 빨간 꽃이 아름다워 관상용으로도 인기가 있다.

아마란스꽃 이야기

어느 산간 마을에 두 아이가 길을 가다가 피를 흘리며 쓰러져 있는 천사를 발견하고 마을로 옮겨와 치료해주었다. 마을 어른들은 영적인 존재가 그런 모습으로 나타날 수 없는 일이라며 '마녀'로 몰아세워 불에 태워 죽이려 하였다. 화형이 집행되던 날 천사는 활활 타는 불길 속에서도 죽지 않았고 피눈물을 흘리며 사람들을 저주하면서 하늘로 올라가버렸다. 그 모습을 본 마을 사람들은 후회와 공포에 떨었다. 마을에는 결국 지독한 전염병이 돌았고, 사람들은 고통에 몸부림치다 비참하게 죽어갔다. 살아남은 사람은 천사를 치료해 주었던 두 아이뿐이었다. 천사가 피눈물을 흘렸던 흔적에서 아름다운 빨간 꽃이 피어났다. 이렇듯 아마란스는 천사의 피눈물로부터 피어났으며 영원히 지지 않는 불멸의 꽃으로, 그 꽃과 잎을 달여 먹으면 영원한 생명을 얻는다는 핀란드 설화가 있다.

아마란스	
학명 Amaranthus **과명** 비름과 **성미** 성질은 서늘하고 맛은 달다. **개화시기** 6~10월 **식용·약용** 꽃, 씨앗	**원산지** 남아메리카 인데스 산맥 **꽃말** 시들지 않는 사랑 **효능** 무기질, 섬유질, 인지질, 아미노산이 다양하게 함유되어 있고, 고혈압, 당뇨, 간기능, 고지혈증 등 성인병 예방에 좋다.

아마란스꽃차 제다 과정 ✿

1. 채취, 손질

채취 후 소금물에 깨끗이 씻고 꽃과 줄기, 잎을 따로 손질하여 적당한 크기로 잘라 각각 차로 덖는다. 따로 덖은 후에는 같이 섞어서 병에 담아도 된다.

2. 증제, 유념

찜통에 소금 한 줌을 넣고 찜기팬에 면포를 깔고 팔팔 끓으면 꽃을 올려 3~5분간 쪄낸 후 채반에 담아 식힌다. 부채질을 해서 빠르게 식혀준다.

3. 고온, 건조

덖음팬 온도를 고온으로 하고 꽃을 올린다. 뜨거우므로 면장갑을 끼고 양손으로 눌러주고 펼치면서 덖는다. 살짝 눌러주고 뒤집으면서 살청한다. 꽃이 뜨거워지면 꺼내어 면포에 싸서 살살 굴러가며 유념을 한다. 면포를 펼쳐서 식혀준다. 이 과정을 반복하고 바람이 잘 통하는 곳에 두고 자연 건조한다. 건조 후 다시 고온에서 한 번 덖어 준 다음 식힌다.

4. 수분체크

① 한지를 깔고 저온에서 1~2시간 그대로 두어 수분을 날린다.

② 뚜껑을 덮고, 수분이 올라오면 뚜껑을 열어 바로바로 물기를 닦아준다. 10분간 수분이 올라오지 않으면 온도를 올려 잔여 수분을 확인하고 더 이상 수분이 올라오지 않으면 마무리를 한다. 소독한 병에 담아 밀봉 보관한다.

꽃차 우리기

다관에 아마란스꽃차 차시로 한 스푼을 넣고 100℃의 찻물을 부어 꽃을 헹구어 낸 뒤, 다시 물을 부어 2~3분 정도 우려서 마신다. 빨간 수색이 아주 고운 건강차이다.

엉겅퀴꽃차
(Thistle)

간세포 활성화, 신경통, 관절염 등에 좋은 꽃차

엉겅퀴는 여러해살이풀로 줄기 끝과 갈라진 가지 끝에 자주색 꽃이 한 송이씩 핀다. 갓털이 있어 바람에 날려 번식한다. 어린순은 나물로 먹기도 하고, 한방에서는 '대계(大薊)'라 하여 가을에 줄기와 잎을 그늘에 말린 것을 이뇨제, 지혈제 등으로 쓴다. 엉겅퀴는 스코틀랜드의 국화로도 유명하다. 전쟁 중에 스코틀랜드를 침공하기 위해 적의 병사들이 몰래 이동하고 있었는데, 한 병사가 엉겅퀴를 밟아 비명을 지르는 바람에 적의 공격을 알아챈 스코틀랜드 병사들이 적을 물리칠 수 있었다. 이러한 전설 때문에 엉겅퀴는 '나라를 구한 꽃'으로 스코틀랜드 국민들에게 많은 사랑을 받고 있다.

Flower of Scotland(스코틀랜드의 꽃)

- The Corries

Oh, flower of Scotland, When will we see your like again that fought and died for your wee bit Hill and Glen.

And stood against him, Proud Edward's Army, And sent him homeward, Tae think again.

오, 스코틀랜드의 꽃이여, 언제나 다시 만날 수 있으랴, 그대와 같은 사람들을. 그대의 소박한 언덕과 골짜기에서 싸우다 죽어간 사람들을.

그리고 거만한 에드워드의 군대를 그들의 집으로 돌려보내, 다시 생각하게 만든 사람들을.

엉경퀴	
학명 Cirsium japonicum var. maackii	**식용·약용** 꽃, 잎, 줄기, 뿌리
과명 국화과	**원산지** 유럽
생약명 대계(大薊)	**꽃말** 근엄, 독립
성미 서늘하고 달다. 뿌리는 따뜻하고 달다.	**효능** 간세포를 활성화하고, 지혈, 소염, 항균 작용이 있으
개화시기 6~8월	며, 간염, 신경통, 관절염 등에 효과가 있다.

엉경퀴꽃차 제다 과정 ✳

1. 세척, 손질

갓 피어나는 꽃을 채취하여 줄기를 자르고 꽃만 준비하여 흐르는
물에 잘 씻어 물기를 뺀다.

2. 증제, 건조

찜통에 소금 1T를 넣는다. 찜기팬에 면포를 깔고 김이 오르면 꽃을
올려 3~5분 증제한다. 소쿠리에 담아 부채질하며 식힌다. 바람이
잘 통하는 그늘진 곳에 두고 반나절 건조한다.

3. 중온덖음

중온에서 덖은 다음, 채반에 담아 식혀준다.

4. 수분체크

① 한지를 깔고 저온에서 2~3시간 그대로 두어 수분을 날린다.

② 뚜껑을 덮고, 수분이 올라오면 뚜껑을 열어 바로바로 물기를 닦
아준다. 10분간 수분이 올라오지 않으면 온도를 올려 잔여 수
분을 확인하고 더 이상 수분이 올라오지 않으면 마무리를 한다.
소독한 병에 담아 밀봉 보관한다.

꽃차 우리기

다관에 엉경퀴 꽃차 3~5송이를 넣고 100℃의 찻물을 부어 꽃을
헹구어 낸 뒤, 다시 물을 부어 2~3분 정도 우려서 마신다. 자연을
담은 신비로운 보랏빛의 유혹~

여름꽃 **연꽃차**
(Lotus)

진정, 지혈 작용을 하며, 피부 미용에 좋은 꽃차

연꽃은 진흙 속에서도 청결하고 고귀하게 피어나는 식물로 불교에서는 신성한 꽃으로 여긴다. 쌍떡잎식물 프로테아목 여러해살이 수초이며 수술은 여러 개이다. 7~8월에 지름 15~20cm 정도의 홍색 또는 백색의 꽃이 꽃줄기 끝에 1개씩 달린다. 열매는 벌집 모양의 꽃받침 안에 있고 연밥, 연자라고도 부르는데 맛이 고소하다. 뿌리인 연근은 요리에 이용하고 잎은 연잎밥과 연잎차를 만들어 식용하며, 열매는 식용 또는 부인병의 약제로 다양하게 쓰인다.

그대의 눈동자는 푸른 연꽃잎

- 인도의 고시

그대의 눈동자는 푸른 연꽃잎
그대의 치아는 하얀 말리꽃
향기로운 연꽃 내음 그대에게서 난다.
그 몸도 꽃잎처럼 휘날리련만
밤낮으로 사모하고 사모하여도
돌과 같이 단단한 그대의 마음

연꽃	
학명 Nelumbo nucifera	**식용·약용** 꽃, 잎, 씨앗(9월), 뿌리
과명 수련과	**원산지** 아시아 남부, 오스트레일리아 북부
생약명 연자육(蓮子肉), 연실(蓮實)	**꽃말** 당신은 아름답습니다. 청순한 마음
성미 성질은 평하고 맛은 달다.	**효능** 진정, 지혈 작용을 하며, 설사, 고혈압, 두통, 어지러
개화시기 7~8월	움, 피부 미용 등에 좋다.

연꽃차 제다 과정

1. 채취, 손질

꽃봉오리를 채취해서 한나절 바람이 잘 통하는 곳에서 시들림한다.
꽃잎을 한 장씩 살살 펼치면서 꽃모양을 만든다.

2. 초벌, 건조

덖음팬을 F점에 놓고 면포를 깔고 얼굴이 위로 향하게 꽃을 올려
서 덖는다. 수분이 많은 꽃이므로 5~6시간 가량 그대로 둔다. 뒤집
어 덖는다. 수분이 어느 정도 날아가면 꺼내어 바람이 잘 드는 곳
에 두고 건조한다.

3. 중온덖음

온도를 조금 올리고 한지를 깔고 꽃을 올려 덖다가 채반에 담아 식
힌다.

4. 수분체크

① 한지를 깔고 저온에서 1~2시간 그대로 두어 수분을 날린다.

② 뚜껑을 덮는다. 뚜껑에 김이 서리면 바로 물기를 닦는다. 10분간
수분이 올라오지 않으면 온도를 올려서 한 번 더 잔여 수분을
확인하고 더 이상 수분이 올라오지 않으면 마무리를 한다. 소독
한 병에 담아 밀봉 보관한다.

꽃차 우리기

다관에 연꽃차 1송이를 넣고 100℃의 찻물을 부어 꽃을 헹구어 낸
뒤, 다시 물을 부어 2~3분 정도 우려서 마신다. 뜨거운 물과 함께
다시 피어오르는 연꽃! 그 고운 자태를 바라보고 있으면 무아지경에
풍덩풍덩~

유채꽃차
(Rapeseed)
봄꽃

몸의 면역력을 높이고 빈혈 예방에 좋은 꽃차

유채는 두해살이풀로 우리나라 전역에서 서식이 가능하나 주로 남부 지방에서 많이 재배된다. 꽃은 4월경에 노란색 꽃이 총상꽃차례로 피며 가지 끝에 달린다. 동의보감에는 운대자(蕓薹子)를 평지로 기록되어 있다. '기름을 얻을 수 있는 채소'라는 뜻을 가진 유채는 추위에 강하고 수확량이 많아 한국에서는 1962년부터 유료작물(油料作物)로 본격적으로 재배하였다. 어린잎은 쌈채소, 된장국, 나물무침, 겉절이 등 다양한 음식으로 즐길 수 있고 꿀과 기름(카놀라유)으로도 유용하게 이용되고 있다. 봄이면 꽃이 아름다워 상춘객들이 모여드는데 제주도의 유채밭이 특히 유명하다.

田家雜興(전가잡흥)

- 미산 한장석(韓章錫, 1832~1894, 조선 말기 문신)

西舍麥蕎香(서사맥추향)	서쪽 집 보리이삭은 향기롭고
靑尨隨午饁(청방수오엽)	푸른 삽살개는 아낙의 들참 따라가는구나.
悠揚野菜花(유양야채화)	유채꽃은 아스라이 피어오르고
無數飛黃蝶(무수비황접)	호랑나비 무수하게 날고 있네.

유채	
학명 Brassica napus	**식용·약용** 꽃, 잎, 씨
과명 십자화과(Cruciferae)	**원산지** 유럽
생약명 운대자(蕓薹子)	**꽃말** 쾌활
성미 성질은 따뜻하고 맛은 맵다.	**효능** 엽산과 베타카로틴, 식이섬유가 풍부해 대장 기능을 활
개화시기 3~4월	성화하고 몸의 면역력을 높인다. 빈혈 예방에도 좋다.

유채꽃차 제다 과정 ✤

1. 세척, 손질
갓 피어난 꽃의 꽃대를 채취하여 가위로 꽃대를 잘게 자른다. 손질한 꽃은 물에 식초를 조금 타서 깨끗이 씻어준다. 다시 한 번 깨끗한 물에 헹궈주고 물기를 뺀다. 스틱 모양으로 차를 만들어도 좋다.

2. 초벌, 건조
팬을 약간 달구어 뜨거워지면 불을 끄고 꽃을 올린다. 꽃잎의 수분이 빠지면서 색깔이 조금씩 짙어지면 대나무 채반에 담아 식힌다. 반복한 후 통풍이 잘 되는 곳에 두어 건조한다.

3. 중온덖음
덖음팬에 한지를 깔고 중온에서 교반하면서 덖은 다음 소쿠리에 담아 식힌다.

4. 수분체크
① 한지를 깔고 저온에서 1~2시간 그대로 두어 수분을 날린다.
② 뚜껑을 덮고, 수분이 올라오면 뚜껑을 열어 바로바로 물기를 닦아준다. 10분간 수분이 올라오지 않으면 온도를 올려서 잔여 수분을 확인하고 더 이상 수분이 올라오지 않으면 마무리를 한다. 소독한 병에 담아 밀봉 보관한다.

꽃차 우리기
다관에 유채꽃 5~6송이를 넣고 100℃의 찻물을 부어 꽃을 헹구어 낸 뒤, 다시 물을 부어 2~3분 정도 우려서 마신다. 유채꽃의 노란 물결이 찻잔 속에서 살랑거리며 봄노래를 부른다.

으름꽃차
(Crusty Tree)

이뇨, 신장염, 요도염 등에 좋은 꽃차

으름나무는 덩굴식물로 내한성과 내음성이 강하다. 나무를 타고 잘 올라가는 성질이 있어 길이가 5m에 달하고, 가지는 털이 없으며 갈색이다. 암수한그루로 5~8월에 잎겨드랑이에서 자주색 꽃이 포도송이처럼 모여 핀다. 수꽃은 작고 많이 달리며 암꽃은 크고 적게 달린다. 열매는 10월경에 달리며 긴 타원형에 살이 많다. 머루, 다래와 함께 한국의 산야에서 쉽게 볼 수 있는 야생 과일이다. 모양과 맛이 바나나와 비슷하여 한국바나나라고도 한다. 근래 개량되어 몇 가지 품종이 있으며 과수로 재배하기도 한다. 어린 순은 나물로 먹고 뿌리와 가지는 약용으로 이용한다.

으름

- 작자미상의 옛시조

나무 여름 중에 잣같이 고소하며
너출 여름 중에 으흐름같이 흥덩지랴.
으흐름 자고명 박으면 홍글항글 하리라.

나비가 꽃을 잃고 이리저리 다니다가
벗나비 볼려고 옥사정으로 내려가니
그 곳에 행화 져 쌓였기로 길을 몰라.

으름꽃		
학명 Akebia quinata	**식용·약용** 꽃, 어린 순, 뿌리, 가지	
과명 으름덩굴과	**원산지** 한국, 일본, 중국	
생약명 목통(木通)	**꽃말** 재능	
성미 성질은 차고 맛은 쓰다.	**효능** 이뇨 및 소염에 효과가 있고 소변을 원활하게 하여 비뇨기질환에 좋고 신장염, 요도염에도 도움이 된다.	
개화시기 4~6월		

으름꽃차 제다 과정 ✿

1. 세척, 손질

갓 피어나는 꽃을 채취해서 포도송이처럼 달려있는 줄기와 함께 잘라 세척하여 물기를 털어내고 말린다.

2. 저온, 건조

덖음팬 온도를 저온으로 하고 면포를 깔고 꽃을 올린다. 꽃잎의 수분이 빠지면서 색이 조금씩 짙어지면 대나무 집게를 이용하여 뒤집으면서 덖는다. 대나무 채반에 담아 식힌다. 덖음과 식힘을 반복한 후 건조한다.

3. 중온덖음

온도를 중온으로 올리고 교반하면서 덖은 다음 채반에 담아 식혀준다.

4. 수분체크

① 면포를 깔고 저온에서 30분~1시간 그대로 두어 수분을 날린다.

② 뚜껑을 덮고, 수분이 올라오면 뚜껑을 열어 바로바로 물기를 닦는다. 10분간 수분이 올라오지 않으면 온도를 올려 잔여 수분을 확인하고 더 이상 수분이 올라오지 않으면 마무리를 한다. 소독한 병에 담아 밀봉 보관한다.

꽃차 우리기

다관에 으름꽃 5~6송이를 넣고 100℃의 찻물을 부어 꽃을 헹구어 낸 뒤, 다시 물을 부어 2~3분 정도 우려서 마신다. 포도송이같이 탱글탱글한 으름꽃의 달콤한 유혹이 시작된다~

으아리꽃차
(Korean Virgin's Bower)

진통, 신경통, 편도염 등에 좋은 꽃차

으아리는 갈잎덩굴나무로 우리나라 각지의 산기슭과 들에 자란다. 줄기는 가늘고 길며 덩굴져서 옆으로 뻗는다. 잎은 5~7개의 소엽으로 이루어져 있으며 잎자루는 구부러져서 덩굴손과 같은 역할을 한다. 꽃잎은 없고 꽃받침이 꽃으로 보이며 6~8월에 하얀색 꽃이 핀다. 수술과 암술은 여러 개이다. 열매는 수과(瘦果)로서 9월에 익으며 털이 돋아서 암술대가 길게 달려 있다. 어린잎은 식용하고 뿌리는 약재로 쓰이는데 한방에서는 뿌리를 위령선(威靈仙)이라 한다.

산유화

- 김소월(1902~1934)

산에는 꽃 피네	산에
꽃이 피네.	산에
갈 봄 여름 없이	피는 꽃은
꽃이 피네.	저만치 혼자서 피어 있네.

으아리		
학명 Clematis terniflora	**식용·약용** 꽃, 뿌리, 전초	
과명 미나리아재비과	**원산지** 한국, 일본, 중국	
생약명 위령선(威靈仙)	**꽃말** 고결, 내면의 아름다움	
성미 성질은 따뜻하고 시고 맵다.	**효능** 이뇨, 진통, 통풍, 류머티즘, 신경통, 항균, 편도염 등에 좋다.	
개화시기 6~8월		

으아리꽃차 제다 과정 ❋

1. 세척, 손질

줄기째 채취해 잎과 함께 손질하여 소금물에 깨끗이 세척한 후 물기를 뺀다. 깔끔하게 하얀 꽃만 떼어서 덖어도 된다.

2. 증제, 건조

찜통에 소금을 넣고 김이 오르면 면포를 깔고 꽃을 올려서 2~3분간 증제한다. 30초~1분 정도 뜸을 들인 후 꺼내어 소쿠리에 펼쳐서 부채질로 열기를 식힌다. 그대로 반나절 건조한다.

3. 중온덖음

면포를 깔고 중온에서 덖은 다음 채반에 담아 식힌다.

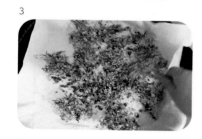

4. 수분체크

① 한지를 깔고 저온에서 1~2시간 그대로 두어 수분을 날린다.

② 뚜껑을 덮고, 수분이 올라오면 뚜껑을 열어 바로바로 물기를 닦아준다. 10분간 수분이 올라오지 않으면 온도를 올려서 잔여 수분을 확인하고 더 이상 수분이 올라오지 않으면 마무리를 한다. 소독한 병에 담아 밀봉 보관한다.

꽃차 우리기

다관에 으아리꽃차를 넣고 뜨거운 찻물을 부어 한 번 헹구어 낸 뒤, 다시 물을 부어 2~3분 정도 우려서 마신다. 숲속에 내리는 하얀 눈꽃 같은 어여쁜 으아리가 요정처럼 피어난다.

잇꽃차
여름꽃
(Safflower)

혈행장애 개선, 폐경, 관절질환에 좋은 꽃차

잇꽃은 1년생 또는 2년생 초본식물로 높이는 50~100cm이다. 잎은 어긋나고 넓은 피침 모양이며 6~8월에 붉은 빛이 도는 노란색 꽃이 줄기 끝과 가지 끝에 핀다. 잇꽃은 천연염색제로 전 세계에서 애용되어 왔다. 이집트에서는 수천 년 전의 무덤에서 잇꽃 씨앗과 잇꽃으로 물들인 아마포가 발견되었다고 한다. 어린순은 나물로 먹고, 씨는 기름으로, 그을음은 먹으로 사용했다. 시집가는 새색시의 이마에 찍었던 붉은 점, 연지곤지도 잇꽃으로 만든 것이다. 이렇게 사람에게 이로운 꽃이라 '잇꽃'이라고 하고 꽃이 붉은 색이라 '홍화(紅花)'라고도 부른다.

선녀가 준 특효약

옛날 늙으신 어머니와 단 둘이 살고 있는 총각이 있었다. 어느 날 어머니가 밭에서 돌아오다 넘어져 다리뼈가 부러졌다. 효성 지극한 아들은 좋다는 약은 다 지어다가 어머니께 드렸으나 낫지 않자 자신의 정성이 부족하여 어머니의 병이 낫지 않는다고 생각하여 몰래 자기의 살 한 점을 떼어 국을 끓여 드렸다. 그러나 어머니의 상처가 낫기는커녕 더 악화되었다. 상심하여 눈물을 흘리고 있을 때 갑자기 소낙비가 내리더니 하늘이 개이고 무지개를 타고 아리따운 선녀가 내려왔다. 선녀는 아들에게 하얀 꽃씨 한 줌을 주면서 "아들의 효성이 갸륵하여 옥황상제께서 주는 잇꽃이니 달여서 어머니께 드리세요."라고 말하고는 사라졌다. 마치 꿈을 꾼 것 같이 정신이 없었던 아들은 자기 손에 씨앗 한 줌이 있는 것을 보고, 이 씨앗을 달여서 어머니께 드리니, 며칠 지나지 않아 부러진 뼈가 붙고 건강을 회복하였다고 한다.

잇꽃	
학명 Carthamus tinctorius	**식용·약용** 꽃, 씨
과명 국화과(Compositae)	**원산지** 이집트
생약명 홍화(紅花), 홍화묘(紅花苗), 홍화자(紅花子)	**꽃말** 불변, 당신을 물들이다.
성미 따뜻하며 맛은 맵다.	**효능** 혈행장애 개선, 생리원활, 폐경, 근육, 염좌, 관절질환,
개화시기 6~8월	골다공증, 뼈 건강 등에 효과가 있다.

잇꽃차 제다 과정 ✳

1. 세척, 손질

맑은 날 아침에 갓 피어난 꽃을 채취하여 꽃자루와 꽃받침을 떼어
낸다. 잎이 피침형으로 톱니 끝이 가시처럼 되어 있으므로 면장갑
을 끼고 손질한다. 손질한 꽃은 물에 식초 2T를 넣고 5분간 두었
다가 흐르는 물에 깨끗이 씻어 소쿠리에 담아 물기를 뺀다.

2. 증제, 건조

찜통에 김이 오르면 면포를 깔고 올려 2~3분간 찐다. 체반에 담아
반나절 건조한다.

3. 저온, 중온 덖음

저온에서 직화로 덖어준다. 덖음과 식힘을 여러 번 반복하고 온도
를 올려 덖음한 다음, 채반에 담아 식힌다.

4. 수분체크

① 한지를 깔고 저온에서 1~2시간 그대로 두어 수분을 날린다.

② 뚜껑을 덮고, 수분이 올라오면 뚜껑을 열어 바로바로 물기를 닦
아준다. 10분간 수분이 올라오지 않으면 온도를 올려 잔여 수
분을 확인하고 더 이상 수분이 올라오지 않으면 마무리를 한다.
소독한 병에 담아 밀봉 보관한다.

꽃차 우리기

다관에 잇꽃 3~5송이를 넣고 100℃의 찻물을 부어 꽃을 헹구어
낸 뒤, 다시 물을 부어서 2~3분 정도 우려내어 마신다. 투명하게
차오르는 황금빛 노란 수색이 태양에너지를 마시듯 몸을 따뜻하게
한다. 특유의 향보다 맑은 맛이 난다.

작약꽃차
(Peony)

봄 꽃

보혈 및 활혈 작용, 생리 조절, 부인병 등에 좋은 꽃차

작약은 다년생 초본식물로 높이는 50~80cm 정도이며, 줄기 끝에서 빨강, 분홍, 흰색의 크고 아름다운 꽃이 한 송이씩 핀다. 꽃이 크고 탐스러워 함박꽃이라 부른다. 뿌리의 색이 붉은 것은 적작약, 흰 것을 백작약이라고 하는데 중요한 한약재로서 보혈, 보양, 진정제로 쓰인다. 우리나라 전 지역에서 재배가 가능하고 추위에도 강하다. 보통 모란과 작약을 혼동하는데 모란은 목본이어서 나무줄기에서 꽃이 피며 작약은 겨울에 잎이 지면 형태가 없어지고 땅속에 뿌리로 남아 있다가 봄에 싹이 나는 여러해살이 풀이다. 모란이 지면 작약이 핀다.

신의 상처를 치료한 '작약'

헤라클레스(Hercules)는 힘이 세고 유명한 영웅인데다 죽지도 않는 불사신이었다. 저승의 왕 하데스(Hades)는 그런 헤라클레스를 늘 못마땅해했다. 어느 날, 12번째 마지막 과업인 저승을 지키는 케르베로스(Cerberus)를 잡기 위해 헤라클레스가 지하세계로 내려왔다. 하데스는 불사신이 저승에 내려오면 저승의 질서가 무너진다며 저지했다. 그러자 헤라클레스는 화살을 쏘았고, 어깨에 부상을 당한 하데스는 피를 흘리며 올림포스에 있는 신들의 의사인 파이온(Paeon)에게 달려갔다. 하데스의 상처를 본 파이온은 작약의 뿌리를 캐서 치료해 주었고 한다.

작약	
학명 Paeonia lactiflora	**식용·약용** 꽃, 뿌리
과명 미나리아재비과	**원산지** 중국
생약명 작약(芍藥)	**꽃말** 수줍음
성미 약간 차고 맛은 시고 쓰다.	**효능** 보혈과 활혈 작용, 소화, 진통, 진정, 혈당수치 개선,
개화시기 5~6월	생리불순, 생리 조절 등의 효능이 있고 부인병에 좋다.

작약꽃차 제다 과정 ❋

1. 채취, 손질

꽃이 피기 전 꽃봉오리를 채취하여 반나절 시들임한다. 꽃잎을 살살 펴서 꽃모양이 되게 한다. 알레르기가 있으면 노란 수술을 제거한다.

2. 초벌, 건조

저온에서 타공판을 올리고 꽃받침이 아래로 오도록 꽃을 가지런히 올려 열건한다. 꽃잎의 수분이 빠지면서 색깔이 조금씩 짙어지면 꺼내어 식힌다. 바람이 잘 통하는 곳에서 건조한다.

3. 중온덖음

덖음팬에 면포를 깔고 중온에서 덖는다. 소쿠리에 담아 식혀준다.

4. 수분체크

① 한지를 깔고 저온에서 1~2시간 그대로 두어 수분을 날린다.

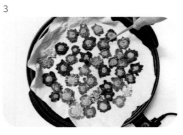

② 뚜껑을 덮고, 수분이 올라오면 뚜껑을 열어 바로바로 물기를 닦아준다. 10분간 수분이 올라오지 않으면 온도를 올려 잔여 수분을 확인하고 더 이상 수분이 올라오지 않으면 마무리를 한다. 소독한 병에 담아 밀봉 보관한다.

꽃차 우리기

다관에 작약꽃 1~2송이를 넣고 100℃의 찻물을 부어 꽃을 한 번 헹구어 낸 뒤, 다시 물을 부어서 2~3분 정도 우려서 마신다. 몸이 따뜻해지는 노란빛 수색, 보약 같은 꽃차이다.

여름꽃 **장미꽃차**
(Rose)

갱년기 증상, 혈액순환, 피부미용, 노화방지 등에 좋은 꽃차

*장미*는 사람에게 유용한 성분이 많을 뿐 아니라 꽃이 아름답고 향기가 뛰어나서 꽃의 여왕이라 불리며 전 세계적으로 사랑받고 있다. 사랑과 관심이 큰 만큼 오랜 기간 연구가 진행되어 현재 개량종만 해도 약 2만여 종에 이르며 우리나라에도 5백이 넘는 종이 있다고 한다. 꽃 색깔도 빨강, 하양, 분홍, 파랑, 노랑 등 매우 다양하여 꽃다발이나 꽃꽂이용으로 많이 이용되고 있다. 동서양을 막론하고 아름다운 여인을 장미에 비유하기도 하고, 남자가 여자에게 사랑을 고백할 때나 기념일에 주는 꽃으로 자주 이용된다. 모든 여인들에게 아주 특별한 꽃이다.

나이팅게일과 장미

- **오스카 와일드**(1854~1900, 영국 작가)

한 청년이 사모하는 여자에게 용기를 내어 고백하며 무도회에 함께 가기를 청했는데 그녀는 빨간 장미를 가져오면 같이 가겠다고 했다. 그러나 청년의 정원에는 흰 장미만 있어서 한탄을 하였다. 그러자 사랑을 위해 밤마다 노래 부르던 나이팅게일이 청년의 탄식을 듣고 그의 사랑이 이루어질 수 있도록 정원에 있는 흰장미 가시에 가슴을 박고 밤새 노래를 불러 심장에서 흐르는 피로 장미를 물들였다. 다음날 아침, 청년은 나이팅게일의 죽음은 전혀 모르는 채 정원에 붉은 장미 한 송이가 핀 것을 보고 기뻐하며 이를 꺾어 여자에게 달려갔다. 그러나 이미 그녀는 다른 청년으로부터 보석을 선물받은 터라 청년을 본 척도 하지 않았다. 그러자 청년은 화가 나서 사랑은 아무 쓸모없는 것이라며 장미를 길바닥에 내던져버리고 가버렸다. '행복한 왕자'로 유명한 오스카와일드의 동화이다.

장미		
학명 Rosa hybrida Hortorum	**식용·약용** 꽃망울	
과명 장미과	**원산지** 서아시아	
생약명 영실(씨 건조)	**꽃말** 행복한 사랑, 불타는 사랑, 아름다움	
성미 성질은 따뜻하며 맛은 달고 약간 쓰다.	**효능** 갱년기 증상 및 생리통을 개선하고, 혈액순환을 원활	
개화시기 5~7월	하게 하며, 피부미용, 노화방지 등에 좋다.	

장미꽃차 제다 과정 ❋

1. 채취, 손질

꽃봉오리를 채취한 뒤 봉오리가 작은 것은 꽃받침을 떼지 말고 잘 손질한다. 봉오리가 큰 것은 꽃잎을 한 잎씩 떼어 꽃잎만 이용한다.

2. 증제, 열건

찜통에 김이 오르면 꽃봉오리를 올려 증제한다. 채반에 담아 완전히 식힌다. 찜기팬에 꽃을 올려 저온에서 열건한다. 수분이 많이 날아가면 꺼내어 바람이 잘 통하는 곳에서 건조한다.

3. 중온덖음

한지를 깔고 온도를 조금 올리고 교반하면서 덖는다. 대나무 채반에 담아 식힌다.

4. 수분체크

① 한지를 깔고 저온에서 1~2시간 그대로 두어 수분을 날린다.

② 뚜껑을 덮고, 수분이 올라오면 뚜껑을 열어 바로바로 물기를 닦아준다. 10분간 수분이 올라오지 않으면 온도를 올려 잔여 수분을 확인하고 더 이상 수분이 올라오지 않으면 마무리를 한다. 소독한 병에 담아 밀봉 보관한다.

꽃차 우리기

다관에 장미꽃차 3~4송이를 넣고 100℃의 찻물을 부어 한 번 꽃을 헹구어 낸 뒤, 다시 물을 부어서 2~3분 정도 우려서 마신다. 오월의 여왕, 장미 꽃차의 변신! 내 입술은 한 송이 빨간 꽃. 사랄라라~

제라늄꽃차
봄꽃 | (Geranium)

스트레스를 완화하고 불안 해소에 좋은 꽃차

　제라늄은 쌍떡잎식물의 여러해살이풀로 가늘고 부드러운 털로 덮여 있다. 잎겨드랑이에서 긴 꽃줄기가 나와 한 데 모여 달리며, 흰색, 분홍색, 붉은색 등 다양한 색깔의 꽃이 핀다. 제라늄이란 그리스어로 게라노스(geranos), 즉 '학'이라는 뜻이다. 꽃줄기가 길게 나와 학의 모양과 비슷한 꽃이 핀다 하여 붙여진 이름이다. 구문초(로즈제라늄)라고도 한다. 구문초 향은 모기는 싫어하지만 사람들에게는 상쾌한 기분을 주는 향이며, 실내의 나쁜 냄새를 없애는 역할도 톡톡히 한다. 병충해에 강하고 온도와 환경만 잘 맞으면 겨울에도 꽃을 피운다.

꽃

- 프레베르(1930~1977, 프랑스 시인)

거기서 무얼 하시나요, 작은 아씨여, 갓 꺾은 꽃을 들고.
거기서 무얼 하시나요, 쳐녀여, 시들은 꽃을 들고.
거기서 무얼 하시나요, 고운 여인이여, 떨어지는 꽃을 들고.
거기서 무얼 하시나요, 늙은 여인이여, 죽어가는 꽃을 들고.

제라늄	
학명 Pelargonim Graveolens	**식용·약용** 꽃, 줄기, 꽃
과명 쥐손이풀과	**원산지** 남아프리카
생약명 센티드제라늄	**꽃말** 그대를 사랑합니다. 애정
성미 성질은 따뜻하고, 맛은 달고 약간 맵다.	**효능** 신경제조절작용이 있어 스트레스를 완화하고 불안해
개화시기 4~9월	소에 도움이 된다.

제라늄꽃차 제다 과정 ☀

1. 세척, 손질

막 피어나는 꽃을 채취하여 꽃대를 자르고 흐르는 물에 세척하고
물기를 뺀다.

2. 초벌덖음

덖음팬 온도를 저온으로 하고 한지를 깔고 꽃을 올린다. 색이 짙어
지면 뒤집으면서 덖는다. 덖은 꽃은 대나무 채반에 담아 식힌다. 이
과정을 여러 번 반복하면서 덖어준다.

3. 중온덖음

덖음팬에 한지를 깔고 중온에서 한지를 살살 움직이면서 덖어주고
채반에 담아 식힌다.

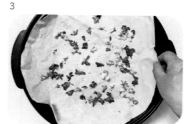

4. 수분체크

① 한지를 깔고 저온에서 30분~1시간 그대로 두어 수분을 날린다.
② 뚜껑을 덮고, 수분이 올라오면 뚜껑을 열어 바로바로 물기를 닦
아준다. 10분간 수분이 올라오지 않으면 온도를 올려 잔여 수
분을 확인하고 더 이상 수분이 올라오지 않으면 마무리를 한다.
소독한 병에 담아 밀봉 보관한다.

꽃차 우리기

다관에 제라늄꽃차를 넣고 100℃의 찻물을 부어 꽃을 헹구어 낸
뒤, 다시 물을 부어 2~3분 정도 우려서 마신다. 고운 자태에 비해
차색은 소박하고 은은하다.

조팝나무꽃차
(Brider Wreath)

봄꽃

해열, 신경통, 설사 등에 좋은 꽃차

조팝나무는 꼬리조팝나무, 공조팝나무, 산조팝나무 등 많은 종이 있다. 그중에서 가장 흔하게 볼 수 있는 것이 조팝나무다. 전국 각지의 산이나 들에서 자라고 높이는 1~2m 정도이다. 꽃이 핀 모양이 튀긴 좁쌀을 붙인 것처럼 보이기 때문에 조팝나무라고 한다. 어린순은 나물로 먹고, 한약재로도 다양하게 쓰인다. 『동의보감』에 조팝나무는 '학질을 낫게 하고, 가래를 토하게 해주며, 열이 오르내리는 것을 낫게 한다.'고 하였다. 버드나무와 함께 아스피린 원료가 되는 중요한 식물이다. 집 주위의 울타리나 도로변 축대에 무리지어 심어 놓으면 꽃이 필 때 흰 구름이 덮여 있는 듯해서 관상용으로도 아주 좋다.

조팝나무 이야기

중국에서는 조팝나무를 '수선국'이라 부른다고 한다. 어느 마을에 수선이라는 효성지극한 딸이 아버지와 함께 살고 있었다. 어느 날, 나라에 전쟁이 일어나 아버지는 전쟁터로 나가게 되었다가 적군의 포로가 되고 말았다. 이 소식을 들은 딸 수선은 아버지를 찾아 적국으로 몰래 들어갔으나 아버지는 이미 세상을 떠난 후였다. 수선은 아버지의 무덤 옆에 있던 나뭇가지 하나를 꺾어 집으로 돌아와 뜰에 심고 정성껏 가꾸었다. 이듬해 그 나뭇가지에서 새하얀 꽃이 피기 시작했는데 이것을 본 동네 사람들이 효성이 지극한 수선에게 하늘이 내린 꽃이라 하여 그 딸의 이름을 따서 '수선국'이라 하였다고 한다. 이 꽃이 바로 조팝나무이다.

조팝나무	
학명 Spiraea prunifolia	**식용·약용** 꽃, 잎, 뿌리
과명 장미과	**원산지** 한국, 중국, 일본
생약명 목상산(木常山)	**꽃말** 헛수고, 하찮은 일, 노력
성미 성질은 차고 쓰고 시고 맵다.	**효능** 목이 부어 아플 때나 감기오한으로 열이 날 때 열을
개화시기 4~5월	내려 통증을 가라앉힌다. 신경통, 설사 등에도 좋다.

조팝나무꽃차 제다 과정 ✽

1. 세척, 손질

갓 피어난 꽃을 가지째로 채취해 깨끗이 손질하고, 흐르는 물에 씻어 물기를 털어 말린 후 꽃송이를 딴다.

2. 초벌, 건조

덖음팬 온도를 저온으로 하고 한지나 면포를 두 장 깐 뒤, F점에서 불이 들어오고 꺼지면 꽃을 올린다. 열에 약한 꽃이므로 온도에 주의하면서 덖는다. 덖은 꽃은 대나무 채반에 담아 식힌다. 덖음과 식힘을 반복한 다음 바람이 잘 통하는 곳에서 건조한다.

3. 중온덖음

온도를 조금 올리고 교반하면서 덖어주고 식힌다.

4. 수분체크

① 한지를 깔고 저온에서 30분~1시간 그대로 두어 수분을 날린다.
② 뚜껑을 덮는다. 뚜껑에 김이 서리면 바로바로 물기를 닦아준다.
　10분간 김이 서리지 않으면 온도를 올려 잔여 수분을 확인하고
　더 이상 수분이 올라오지 않으면 마무리를 한다. 소독한 병에
　담아 밀봉 보관한다.

꽃차 우리기

다관에 조팝나무꽃차 3~4송이를 넣고 100℃의 찻물을 부어 꽃을 헹구어 낸 뒤, 다시 물을 부어 2~3분 정도 우려서 마신다. 다관에서 수줍게 피어오르는 하얀 향기가 너무 달콤하다.

봄
꽃

쥬리안(프리뮬러) 꽃차
(Primula Julian)

이뇨, 신경통, 여드름 등에 좋은 꽃차

*프리뮬러 쥬리안*은 식물분류학상으로는 앵초과 앵초속의 이름이지만 보통 외래 재배종을 가리킨다. 앵초속 식물은 여러해살이풀로 약 200종이 있으며, 외래종으로 원예품종도 많고, 이른 봄의 관상용 화초로 분 또는 화단에 널리 재배되고 있다. 꽃을 보기 위해 키우는 화초 식물로 유명하지만 유럽 민간에서는 일찍이부터 식용 및 약용 목적으로 재배하였다. 미네랄 성분이 풍부해 봄철 체력 보강과 춘곤증 예방에 좋다. 노란색 꽃의 상큼한 레몬향의 짙은 향기가 아주 매력적인 꽃이다. 프리뮬러란 'Primula'라는 라틴어로 '제일 먼저'라는 뜻에서 유래되었으며, 풀이하면 '봄에 제일 먼저 피는 꽃'이라는 의미이다.

팔리지 않는 꽃

- **하우스먼**(1860~1936, 영국의 시인)

땅을 갈아 도랑을 파고 잡초를 뽑고
활짝 핀 꽃을 시장에 가져갔네
아무도 사는 이 없어 집으로 가져왔지만
그 빛깔 너무 찬란해 몸에 치장할 수도 없었네

그래서 여기저기 꽃씨를 뿌렸나니
내가 죽어 그 아래 묻히어서
사람들의 기억에서 까마득히 잊혀지고 말았을 때
나와 같은 젊은이가 볼 수 있게 하기 위함이라네

쥬리안	
학명 Primula	**식용·약용** 꽃
과명 앵초과	**원산지** 유럽
생약명 취란화(翠蘭花)	**꽃말** 청춘의 희망
성미 맛은 조금 쓰다.	**효능** 유럽에서는 감기, 기관지염, 백일해 등 거담제로 사용
개화시기 4~5월(온실에서는 2월부터 계속 피고 진다.)	했으며 이뇨, 구충, 신경통, 관절염, 여드름에도 좋다.

쥬리안꽃차 제다 과정 🌸

1. 채취, 손질
줄기는 제거하고 꽃받침을 위로 하고 꽃잎을 잘 펴주거나 꽃잎을 잘 모아서 꽃봉오리처럼 만든다. 두 가지 방법으로 손질할 수 있다.

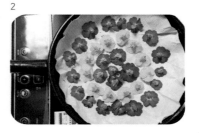

2. 초벌, 건조
팬을 달군 다음 불을 끄고 한지를 깐 뒤, 꽃잎이 아래로 향하게 올려놓고 대나무 집게를 이용하여 뒤집으며 덖는다. 덖은 꽃을 채반에 담아 식힌다. 이 과정을 반복하고 건조한다.

3. 중온덖음
온도를 조금 올리고 교반하면서 덖은 다음 식힌다.

4. 수분체크
① 한지를 깔고 저온에서 30분~1시간 그대로 두어 수분을 날린다.

② 뚜껑을 덮고, 수분이 올라오면 뚜껑을 열어 바로바로 물기를 닦아준다. 10분간 수분이 올라오지 않으면 온도를 올려서 잔여 수분을 확인하고 더 이상 수분이 올라오지 않으면 마무리를 한다. 소독한 병에 담아 밀봉 보관한다.

꽃차 우리기
다관에 쥬리안꽃차 3~5송이 가량 넣고, 100℃의 끓는 물을 부어서 첫물은 버린 뒤, 다시 물을 부어 3분 정도 우려서 마신다. 상큼하고 달콤한 향기가 가슴 설레게 한다.

진달래꽃차
(Korean Rosebay)

가래, 기침, 기관지염 등에 좋은 꽃차

진달래는 쌍떡잎식물 진달래과의 낙엽관목으로 우리나라를 중심으로 동아시아에 분포되어 있다. 주로 햇볕이 잘 드는 산지에 서식하고 있으며 참꽃 또는 두견화라고 부르기도 하는데 봄이 되면 잎보다 앞서 꽃을 피워 온 산을 진분홍색으로 붉게 물들인다. 진달래는 척박한 땅에서도 잘 견뎌내는 식물인지라 우리 민족의 끈기와 인내심을 닮은데다가, 우리나라 산야 어디에서도 만날 수 있는 꽃이다. 그런 까닭에 '국화'로 지정하자는 말이 있을 만큼 우리 민족의 정서와 잘 맞는 식물이다.

진달래꽃

- 김소월

나 보기가 역겨워
가실 때에는
말없이 고이 보내 드리오리다.

영변(寧邊)에 약산(藥山)
진달래꽃
아름따다 가실 길에 뿌리오리다.

가시는 걸음 걸음
놓인 그 꽃을
사뿐히 즈려밟고 가시옵소서.

나 보기가 역겨워
가실 때에는
죽어도 아니 눈물 흘리오리다.

진달래	
학명 Rhododendron mucronulatum	**식용·약용** 꽃, 잎, 뿌리, 줄기
과명 진달래과	**원산지** 한국
생약명 만산홍(萬山紅)	**꽃말** 사랑의 기쁨
성미 성질은 차고 맛은 쓰고 독이 약간 있다.	**효능** 이뇨작용을 하고, 가래, 기침, 기관지염 등에 좋으며,
개화시기 3~5월	미세먼지로 기관지가 약해져 있을 때 도움을 준다.

진달래꽃차 제다 과정 ✿

1. 세척, 손질

꽃봉오리나 갓 피어나는 꽃을 채취하여 가볍게 세척한 뒤 말린다. 꽃술에는 약간 독성이 있으므로 떼어낸다.

2. 초벌, 건조

덖음팬을 저온에 놓고, 열에 매우 약한 꽃이므로 한지 2~3장을 깔고 타지 않도록 주의하면서 덖는다. 색깔이 약간 짙어지면 꺼내어 식힌다. 반복한 후 건조한다.

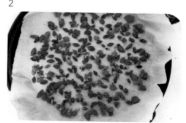

3. 중온덖음

온도를 조금 올리고 교반하면서 덖어준다. 소쿠리에 담아 식힌다.

4. 수분체크

① 한지를 깔고 저온에서 30분~1시간 그대로 두어 수분을 날린다.

② 뚜껑을 덮고, 수분이 올라오면 뚜껑을 열어 바로바로 물기를 닦아준다. 10분간 수분이 올라오지 않으면 온도를 올려서 잔여 수분을 확인하고 더 이상 수분이 올라오지 않으면 마무리를 한다. 소독한 병에 담아 밀봉 보관한다.

꽃차 우리기

다관에 진달래꽃차 한 차시를 넣고 끓는 물을 부어 첫물은 헹구어 낸 뒤, 다시 물을 부어서 3분 정도 우려내어 마신다. 찻잔 속에서 새색시의 발그레한 볼마냥 핑크빛 진달래꽃이 피어오른다. 봄봄봄 봄이 왔어요~

봄
꽃

찔레꽃차
(Wild Rose)

간 질환, 어혈, 관절염 등에 좋은 꽃차

찔레꽃은 전국 각지의 산기슭 양지쪽 개울가에서 자란다. 높이는 2m 정도이고 줄기와 어린가지에는 잔털이 많다. 가지가 활처럼 굽어지는 성질이 있어 울타리로도 많이 심었다. 봄에 돋아나는 연한 찔레순은 보릿고개 시절 아이들의 요긴한 간식거리였다. 열매는 9~10월경에 빨갛게 익고 지름이 약 1cm로 둥글게 달린다. 주로 관상용으로 쓰이며, 꽃잎은 식용, 열매는 약용으로 쓰인다.

찔레아가씨

몽고족 지배를 받던 고려 시대에 '찔레'라는 아가씨가 처녀 공출이 되어 몽고로 끌려갔다. 그곳에서 어느 귀족집의 하녀로 있었는데 다행히 마음씨 좋은 주인들이라 잘 지내게 되었다. 그러나 세월이 갈수록 가족들이 그리워 몸이 야위어가자 찔레를 가엾게 여긴 주인이 집으로 돌려보내 주었다. 그런데 십여 년 만에 그리운 가족을 찾아 고향으로 돌아왔지만 가족은 이미 뿔뿔이 흩어져 찾을 길이 없었다. 찔레는 동생의 이름을 부르며 산과 들을 헤매다 결국 죽고 말았다. 그 이듬해 하얀 꽃이 피어났는데, 마을 사람들은 그 꽃이 죽은 찔레가 환생하여 가족을 기다리는 것이라고 믿어 '찔레꽃'이라고 불렀다. 가족을 사모하는 마음이 꽃으로 피어난 것이다. 가족애, 바로 그것이 찔레꽃이다.

찔레	
학명 Rosa multiflora Thunb. var. multiflora	**식용·약용** 꽃, 열매(9~10월), 줄기, 뿌리
과명 장미과	**원산지** 한국
생약명 석산호(石珊瑚)	**꽃말** 고독, 가족의 그리움, 자매의 우애
성미 성질은 서늘하고 맛은 시고 달다.	**효능** 불면증, 간 질환, 당뇨, 이뇨, 부종, 종기, 어혈, 관절염
개화시기 5~6월	등에 효과가 있다.

찔레꽃차 제다 과정 ✻

1. 채취, 손질

색이 선명한 꽃봉오리를 채취한다. 활짝 핀 꽃은 꽃가루가 많으므로 꽃봉오리를 따서 꽃받침을 떼어낸다. 소금물에 살짝 담가 씻어서 헹궈낸 뒤, 소쿠리에 담아 물기를 빼고 반나절 위조한다.

2. 초벌, 건조

덖음팬을 달군 다음 불을 끄고 면포를 깐다. 꽃잎을 엎어 올려 덖는다. 수분이 어느 정도 제거되고 색깔이 짙어지면 대나무 채반에 담아 식힌다. 이 과정을 반복하고 건조한다.

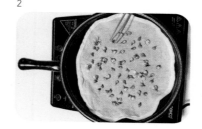

3. 중온덖음

온도를 조금 올리고 교반하면서 덖어준다. 채반에 담아 식힌다.

4. 수분체크

① 한지를 깔고 저온에서 30분~1시간 그대로 두어 수분을 날린다.

② 뚜껑을 덮고, 수분이 올라오면 뚜껑을 열어 물기를 닦아준다. 10분간 수분이 올라오지 않으면 온도를 올려 잔여 수분을 확인하고 더 이상 수분이 올라오지 않으면 마무리를 한다. 소독한 병에 담아 밀봉 보관한다.

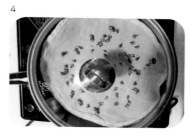

꽃차 우리기

다관에 찔레꽃차 3~5송이 가량 넣고 100℃의 끓는 물을 부어서 첫물은 버린 뒤, 다시 물을 부어 3분 정도 우려서 마신다. 꽃 모양의 아름다움, 향기의 아름다움, 맛의 아름다움 삼미(三美)를 지닌 찔레꽃차 한 잔에 행복꽃 피어난다.

여름 꽃 천일홍꽃차
(Globe Amaranth)

소화기와 호흡기 질환을 다스리며, 통증에 효과가 있는 꽃차

천일홍은 한해살이풀로 천일초(千日草)라고도 한다. 높이 40~50cm이고 전체에 털이 있으며 가지가 갈라진다. 두상화가 원줄기와 가지 끝에 1개씩 달리며 밑부분에 잎 같은 난상 원형의 포가 받치고 있다. 꽃색깔은 짙은 보라색이지만 연한 홍색, 흰색도 있다. 5개씩 꽃받침조각과 수술 및 1개의 암술이 있는데 수술은 합쳐져서 통처럼 되고 종자는 촘촘하게 박힌다. 꽃의 붉은색이 1,000일이 지나도록 변하지 않는다 하여 천일홍이라 부른다.

천일홍 이야기

가난하지만 정겹게 살아가는 장사꾼 부부가 있었다. 남편은 아내를 더 행복하게 해 주고 싶은 마음에 아내의 만류에도 불구하고 큰 돈을 벌러 먼 곳으로 장사를 떠났다. 그러나 길을 떠났던 남편은 돌아오지 않았다. 아내는 애타는 마음으로 남편이 무사히 돌아오기만을 바라며, 매일 남편이 넘어간 언덕을 바라보고 눈물지었다. 그러던 어느날, 주변에 붉은 꽃이 아름답게 피어나 아내의 마음을 위로해 주었다. 아내는 그 꽃을 보며 시들어버릴 때까지 남편을 기다리겠다고 마음먹었다. 그런데 이상하게도 그 꽃은 시들지 않았다. 변치 않는 마음으로 기다리던 어느 날, 남편은 마침내 큰 돈을 벌어 사랑하는 아내 곁으로 돌아왔다. 재회한 두 사람은 아주 오랫동안 행복하게 살았다고 한다.

천일홍	
학명 Gomphrena globosa	**식용·약용** 꽃, 잎
과명 비름과	**원산지** 아메리카
생약명 천일홍	**꽃말** 매혹, 변치 않는 사랑
성미 성질은 평하고 맛은 달다.	**효능** 소화기와 호흡기 질환을 다스리며, 통증에 효과가 있다.
개화시기 7~10월	

천일홍꽃차 제다 과정 ✷

1. 세척, 손질

신선한 꽃을 채취하여 꽃대를 떼어낸다. 천일홍은 잎이 붙어있는 것이 예쁘므로 잎과 같이 손질하여 깨끗이 세척한다. 깨끗하게 꽃만 따서 덖어도 좋다.

2. 증제, 건조

찜통에 소금 한 줌을 넣고 김이 오르면 면포를 깔고 꽃을 올려 4~5분 정도 찐다. 잠깐 그대로 두어 30초~1분 뜸들인 후 채반에 펼쳐놓고 부채를 이용하여 식힌다. 바람이 잘 통하는 그늘에 두고 반나절 건조한다.

3. 중온덖음

중온에서 직화로 덖어준다. 덖음과 식힘을 반복한 후 수분이 많이 날라가고 까슬까슬해지면 채반에 담아 식힌다.

4. 수분체크

① 한지를 깔고 저온에서 2~3시간 그대로 두어 수분을 날린다.
② 뚜껑을 덮고, 수분이 올라오면 뚜껑을 열어 바로바로 물기를 닦아준다. 10분간 수분이 올라오지 않으면 온도를 올려 잔여 수분을 확인하고 더 이상 수분이 올라오지 않으면 마무리를 한다. 소독한 병에 담아 밀봉 보관한다.

꽃차 우리기

다관에 천일홍꽃차 한 차시를 넣고 100℃의 찻물을 부어 꽃을 한 번 헹구어 낸 뒤, 다시 물을 부어 2~3분 정도 우려서 마신다. 천일 동안 변하지 않을 것 같은 찻물색이 자수정처럼 영롱하게 빛난다. 사랑하는 연인과 함께 마시면 그 사랑 영원히 변치 않을래나 ~

칡꽃차
(Kudzu Vine)

여름꽃

알코올 해독, 간 기능 향상, 갱년기 증상 등에 좋은 꽃차

칡은 콩과에 딸린 갈잎덩굴식물로 우리나라 각지 산 속의 양지바른 곳에서 자란다. 생명력이 강하여 주변 나무를 감아 올라가는 덩굴성의 나무이다. 긴 것은 10m를 넘는 것도 있고, 뿌리는 땅 속 깊이 내려가며, 보라색 꽃이 핀다. 봄에 어린잎을 따서 나물로 먹고, 꽃에서는 꿀을 얻을 수도 있다. 한방에서는 칡꽃을 '갈화(葛花)'라 하여 술독을 해독하는 데 활용해 왔고, 뿌리를 말린 '갈근(葛根)'은 약재로 쓴다.

칡과 등나무 이야기

'갈등'이라는 말이 있는데, 칡과 등나무가 어원이다. 칡은 남에게 기대어 살아간다. 산에 올라가 보면 주변 나무를 칭칭 휘감고 올라가는 칡을 볼 수 있다. 생명력과 번식력이 워낙 왕성하여 줄기나 뿌리를 제거해도 금방 또 다시 번식하고 퍼지기 때문에 주변 산을 다 황폐하게 만들고 만다. 이런 덩굴식물인 '칡 갈(葛)'과 '등나무 등(藤)'이 만나서 서로 얽히고 설키면 풀기 힘들다. 그래서 풀기 어려운 일이 생기면 '갈등(葛藤)'이 생겼다고 한다.

칡	
학명 Pueraria lobata	**식용·약용** 꽃, 잎, 뿌리, 씨앗
과명 콩과	**원산지** 아시아
생약명 뿌리는 갈근(葛根), 꽃은 갈화(葛花)	**꽃말** 사랑의 한숨
성미 성질은 서늘하고 맛은 달고 맵다.	**효능** 알코올 해독 작용이 있고, 간 기능을 향상하며, 고혈압, 골다공증, 갱년기 증상 등에 도움이 된다.
개화시기 7~8월	

칡꽃차 제다 과정 ✲

1. 채취, 손질

꽃대를 채취하여 잘 다듬어서 꽃과 줄기를 분리한 후, 소금물에 깨끗이 세척하여 물기를 뺀다.

2. 증제, 건조

찜통에 면포를 깔고 김이 오르면 꽃을 올려 1~2분 증제한다. 부채를 이용해서 식히고 반나절 잘 펴서 건조한다.

3. 중온덖음

중온에서 직화로 덖어준다. 덖음과 식힘을 반복한 후 수분이 거의 날라가고 구수한 향이 더해지면 대나무 채반에 담아 식혀준다.

4. 수분체크

① 한지를 깔고 저온에서 1~2시간 그대로 두어 수분을 날린다.

② 뚜껑을 덮고, 수분이 올라오면 뚜껑을 열어 바로바로 물기를 닦아준다. 10분간 수분이 올라오지 않으면 온도를 올려서 잔여 수분을 확인하고 더 이상 수분이 올라오지 않으면 마무리를 한다. 소독한 병에 담아 밀봉 보관한다.

꽃차 우리기

다관에 칡꽃차를 차시로 한 스푼 넣고 100℃의 찻물을 부어 꽃을 헹구어 낸 뒤, 다시 물을 부어 2~3분 정도 우려서 마신다. 달콤한 칡꽃의 진한 향기가 올라온다. 여기가 향기정원이더냐~~

캐모마일꽃차
(Chamomile)

여름꽃

소화촉진, 피로회복, 불면증 등에 좋은 꽃차

*캐모마일*은 달콤하고 상쾌한 사과향이 나는 국화과 식물로 대표적인 허브 중 하나이다. 유럽에서 가정상비약이라 하면 캐모마일을 연상할 만큼 보편화된 약초이며, 감기 기운이 있다든가 두통이 있을 때, 피로를 느낄 때 우선 캐모마일차를 마실 정도로 애용한다. 여러 종류의 캐모마일이 있지만 주로 저먼 캐모마일과 로만캐모마일이 많이 알려져 있다. 저먼캐모마일은 한해살이풀로 높이가 50~100cm이며, 가지 끝에서 너비 1.8~2.5cm의 작은 꽃이 핀다. 저먼캐모마일보다 향이 강한 로만캐모마일은 여러해살이 풀로 높이가 30cm 정도이다. 배수가 잘 되고 보수력이 좋은 정원이나 작은 오솔길에 많이 심는다.

나비야 청산가자

- 작자 미상

나비야 청산가자 범나비야 너도 가자
가다가 날 저물면 꽃 속에서 자고가자
꽃잎이 푸대접커든 나무 밑에서 자고가자
나무도 푸대접하면 풀잎에서 자고가자

나비야 청산가자 나하고 청산가자
가다가 해저물면 고목에 쉬어가자
고목이 실타고 뿌리치면
달과 별을 병풍삼고 풀잎을 자리삼아
찬이슬에 자고가자

캐모마일		
학명 Chamaemelum nobile, Matricaria chamomilla		**식용·약용** 꽃, 잎
과명 국화과		**원산지** 유럽
생약명 모국(母菊)		**꽃말** 역경에 굴하지 않는 강인함
성미 성질은 평이하고 맛은 달다.		**효능** 진통, 소화촉진, 피로회복, 염증성 질환, 불면증 등에
개화시기 5~9월		좋고, 우울증과 스트레스를 완화한다.

캐모마일꽃차 제다 과정 ❀

1. 채취, 손질

갓 피어나는 꽃을 채취하여 줄기는 떼어내고 깨끗이 손질한다.

2. 초벌, 건조

덖음팬 온도를 저온으로 하고 면포를 깐 뒤, 꽃을 올려서 덖는다. 덖은 꽃을 채반에 담아 식힌다. 이 과정을 반복한 후 바람이 잘 통하는 곳에 두고 건조한다.

3. 중온덖음

중온에서 한지를 살살 움직이면서 덖어준다. 어느 정도 수분이 제거되었으면 바깥으로 꺼내어 식힌다.

4. 수분체크

① 한지를 깔고 저온에서 30분~1시간 그대로 두어 수분을 날린다.

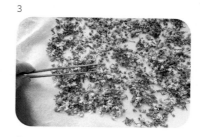

② 뚜껑을 덮는다. 김이 서리면 뚜껑을 열고 물기를 닦는다. 10분간 김이 서리지 않으면 온도를 올려 잔여 수분을 확인하고 더 이상 수분이 올라오지 않으면 마무리를 한다. 소독한 병에 담아 밀봉 보관한다.

꽃차 우리기

다관에 캐모마일꽃차 한 차시를 넣고 100℃의 찻물을 부어 꽃을 한 번 헹구어 낸 뒤, 다시 물을 부어서 2~3분 정도 우려내어 마신다. 달콤한 사과의 맛이 살짝 느껴지는 꽃차와 기분 좋은 향기가 몸을 편안하게 이완한다.

코스모스꽃차
(Common Cosmos)
가을꽃

항염작용, 눈 충혈 완화에 효과가 있는 꽃차

코스모스는 국화과에 딸린 한해살이풀로 가을의 대표적인 꽃이다. 멕시코가 원산지이며 꽃이 아름다워서 관상용으로 많이 심는다. 개량된 품종들도 많다. 높이는 1~2m 정도 자라고 줄기 위에서 가지를 많이 치는데, 가지와 줄기 끝에서 지름 6cm 정도의 흰색, 분홍색, 자주색 등의 다양한 색깔의 꽃이 한 송이씩 핀다. 꽃잎은 8개이며 끝이 톱니 모양으로 약간 갈라졌다. 한방에서는 '추영(秋英)'이라 하여 약초로 사용한다.

코스모스

- 작자 미상

노랗게 노랗게 물들었네.
노랑노랑 코스모스
빨갛게 빨갛게 물들었네.
빨강빨강 코스모스

바람이 다가와 속삭였더니
햇살이 다가와 간지럽히니
수줍은 코스모스
한들한들 노래하네.

코스모스		
학명 Cosmos bipinnatus	**식용·약용** 꽃	
과명 국화과	**원산지** 멕시코	
생약명 추영(秋英)	**꽃말** 애정, 소녀의 순정	
성미 성질은 차고 맛은 쓰다.	**효능** 항염작용, 청열작용, 눈 충혈 완화, 해독 등의 효능이 있다.	
개화시기 7~10월		

코스모스꽃차 제다 과정

1. 세척, 손질

갓 핀 꽃을 채취하여 줄기를 자르고 깨끗이 손질한다.

2. 초벌, 건설

덖음팬 온도를 저온으로 하고 한지를 깐 뒤, 꽃을 엎어서 올린다. 뒤집으면서 덖는다. 덖은 꽃을 대나무 채반에 담아 식힌다. 이 과정을 반복하고 바람이 통하는 곳에서 건조한다.

3. 중온덖음

온도를 조금 올리고 교반하면서 덖은 다음 식힌다.

4. 수분체크

① 한지를 깔고 저온에서 30분~1시간 그대로 두어 수분을 날린다.

② 뚜껑을 덮고, 수분이 올라오면 뚜껑을 열어 바로 물기를 닦아준다. 10분간 수분이 올라오지 않으면 온도를 올려 잔여 수분을 한 번 더 확인하고 더 이상 수분이 올라오지 않으면 마무리를 한다. 소독한 병에 담아 밀봉 보관한다.

꽃차 우리기

다관에 코스모스꽃차 5~6송이를 넣고 100℃의 찻물을 부어 꽃을 헹구어 낸 뒤, 다시 물을 부어서 2~3분 정도 우려내어 마신다. 가을바람타고 한들한들 찻잔 속으로 들어온 코스모스! 배시시 미소 짓는다.

팬지꽃차
(Pansy)

항염, 항산화, 위 질환 개선 등에 좋은 꽃차

*팬지*는 삼색제비꽃으로도 불리며 한해살이 또는 두해살이 풀이다. 봄철에 잎겨드랑이에서 꽃대가 길게 나와 빨강, 노랑, 하양, 청색, 자주 등 여러 색깔의 작고 앙증맞은 꽃이 아름답게 핀다. 개화시기가 길어 화단용으로 많이 심고 있으며, 식용꽃으로 요리에도 다양하게 이용되고 있다. 꽃잎은 5개이며 나비 모양과 비슷하다. 팬지는 프랑스어 '팡세(Penser, 생각하다)'에서 유래된 말로 꽃 모양이 마치 사람이 사색하는 모습을 연상시킨다고 하여 붙여진 이름이라고 한다.

팬지 이야기

삼색제비꽃처럼 세 가지 전설이 전해져 온다.
1. 그리스 민화에 따르면 이 꽃은 처음에는 흰색이었는데, 사랑의 신 주피터가 연모하는 한 시녀의 가슴에 화살을 쏜다는 것이 그만 실수로 길가에 있는 오랑캐꽃을 쏘고 말았는데, 그때의 상처로 3가지 색의 제비꽃이 생겨났다는 이야기
2. 그리스 민화에서 사랑의 천사 큐피트가 쏜 화살이 하얀 제비꽃의 꽃봉오리에 맞아서 3색이 되었 다는 이야기
3. 지상으로 내려온 천사가 제비꽃을 보고 그 아름다움에 놀라 뚫어지게 바라보다가 세 번 키스한 것이 옮겨져 3색의 팬지꽃으로 피었다는 이야기

팬지	
학명 Viola x wittrockiana	**식용·약용** 꽃
과명 제비꽃과	**원산지** 유럽
생약명 팬지호접 제비꽃	**꽃말** 나를 생각해 주세요.
성미 성질은 차고 맛은 달다. 약간 쓴맛도 있다.	**효능** 눈 건강에 좋고, 항염, 항산화, 노화방지, 소화장애,
개화시기 3~6월	위 질환 개선 등에 도움이 된다.

팬지꽃차 제다 과정 ❋

1. 세척, 손질

이른 아침에 피어난 깨끗한 꽃을 채취한다. 흐르는 물에 씻어 물기를 뺀다. 가위를 이용하여 꽃대를 잘라준다.

2. 초벌, 건조

열에 강한 꽃이다. 덖음팬 온도를 F점에서 약간 올려서 직화로 덖는다. 꽃잎을 펴서 엎어서 올린다. 대나무 집게를 이용하여 꽃이 말리지 않도록 살짝 눌러 모양을 잡아주면서 꽃의 수분이 어느 정도 제거되면 뒤집으면서 덖어준다. 꽃이 까슬까슬해지면 식힌다. 반복한 후 건조한다.

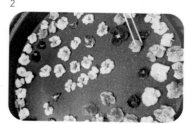

3. 중온덖음

덖음팬 온도를 올려 덖어준다. 채반에 담아 식힌다.

4. 수분체크

① 한지를 깔고 저온에서 30분~1시간 그대로 두어 수분을 날린다.

② 뚜껑을 덮고, 수분이 올라오면 뚜껑을 열어 바로바로 물기를 닦아준다. 10분간 수분이 올라오지 않으면 온도를 올려서 잔여 수분을 확인하고 더 이상 수분이 올라오지 않으면 마무리를 한다. 소독한 병에 담아 밀봉 보관한다.

꽃차 우리기

다관에 팬지꽃차 5~7송이를 넣고 끓는 물을 부어 한 번 헹군 후 다시 물을 부어 2~3분간 우려내어 마신다. 2~3번 더 우려 마실 수 있다. 팬지 꽃차는 청록에서 그린, 올리브그린 등 온도에 따라 다양한 우림색이 나타난다. 그대 이름은 카멜레온 ~

가을꽃 **한련화차**
(Nasturtium)

혈액순환, 살균작용 등의 효능이 있는 꽃차

한련화는 한해살이풀로 줄기는 덩굴 모양으로 땅 위를 뻗으며 길이는 1.5m이다. 잎은 어긋나며 연잎처럼 둥글고 가장자리는 물결 모양이다. 긴 꽃줄기에 노란색, 주황색, 빨간색 등의 꽃이 핀다. 잎이 연잎을 닮아 한련이라 하는데 일본에서는 황금빛 꽃이 연잎을 닮았다고 하여 금련화라고 한다. 한금련(중국), 승전화(유럽) 등으로 불린다. 한련화의 모든 부분은 먹을 수 있다. 의학이 발달하기 전에는 한련화 씨앗은 괴혈병 치료하는 데에도 효과가 좋아 아주 귀한 식물(약초)로 쓰였다. 잎은 스프나 샐러드, 비빔밥 등 다양하게 사용되고 있다.

금련화 이야기

스페인에서 온 정복자들이 남아메리카 캐추아족들의 황금 신상을 빼앗자 캐추아 사람 퀴스페는 다시 신상을 만들기 위해 산으로 가서 나뭇가지와 풀로 계곡을 막아놓았다. 봄이 되자 둑 안에 금덩이가 잔뜩 모였다. 퀴스페는 산신에게 바칠 금덩이 몇 개를 남겨 두고 모두 가지고 내려왔다. 그걸 본 스페인 사람이 황금을 빼앗기 위해 퀴스페를 몽둥이로 마구 때렸다. 퀴스페는 '금을 원래 자리로 보내주세요.'라며 산신에게 간절히 빌었다. 그러자 갑자기 스페인인이 타고 있던 말이 날뛰어 짐과 사람을 바닥으로 내동댕이쳤다. 스페인인은 흩어진 금덩이를 찾으려고 덤불 속을 헤매다가 독사에 물려 죽었다. 산 속 깊이 꽁꽁 감춰진 금덩이는 반짝이는 금련화가 되었고, 한번 피기 시작하면 온 산을 황금빛으로 가득 뒤덮었다고 한다.

한련화	
학명 Tropaeolum majus	**식용·약용** 꽃, 잎, 열매, 씨앗
과명 한금련(旱金蓮)	**원산지** 멕시코와 남아메리카
생약명 묵한련(墨旱蓮), 한련초	**꽃말** 애국
성미 성질은 서늘하고 맵고 시다.	**효능** 감기, 신경통, 혈액순환, 살균작용, 기관지 및 비뇨기 계통 질환에 좋다. 천연항생제라고도 한다.
개화시기 6월~7월	

한련화차 제다 과정

1. 채취, 손질

갓 피어나는 꽃을 채취하여 흐르는 물에 씻은 뒤 소쿠리에 담아 물기를 뺀다.

2. 초벌, 건조

덖음팬 온도를 저온으로 하고 한지 두 장을 깐 뒤, 꽃 얼굴을 아래로 향하게 놓고 덖는다. 열에 약하고 꽃잎이 얇아 색이 잘 변하므로 온도에 주의한다. 뒤집으면서 덖고, 덖음과 식힘을 반복해 건조한다.

3. 중온덖음

덖음팬에 한지를 깔고 덖은 다음, 대나무 채반에 담아 식혀준다.

4. 수분체크

① 한지를 깔고 저온에서 30분~1시간 그대로 두어 수분을 날린다.

② 뚜껑을 덮는다. 뚜껑에 김이 서리면 바로바로 물기를 닦아준다. 10분간 김이 서리지 않으면 온도를 올려 잔여 수분을 확인하고 더 이상 수분이 올라오지 않으면 마무리를 한다. 소독한 병에 담아 밀봉 보관한다.

꽃차 우리기

다관에 한련화차 5~6 송이를 넣고 100℃의 찻물을 부어 꽃을 헹구어 낸 뒤, 다시 물을 부어 2~3분 정도 우려서 마신다. 반짝이는 금빛 물결 출렁이며 다가오는 한련화 한 모금 머금으니 입 안 가득 향긋함이~

1

2

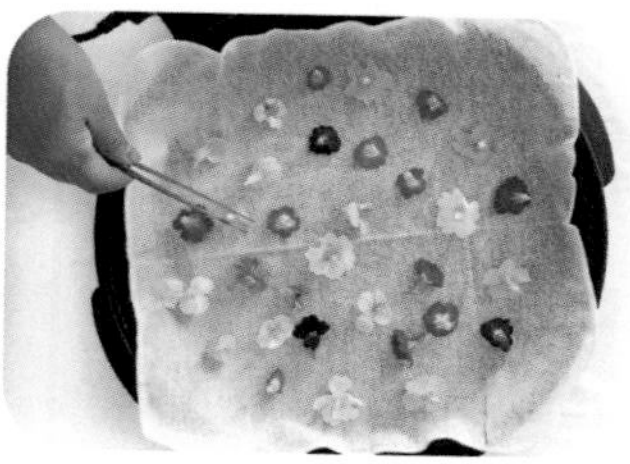

3

4

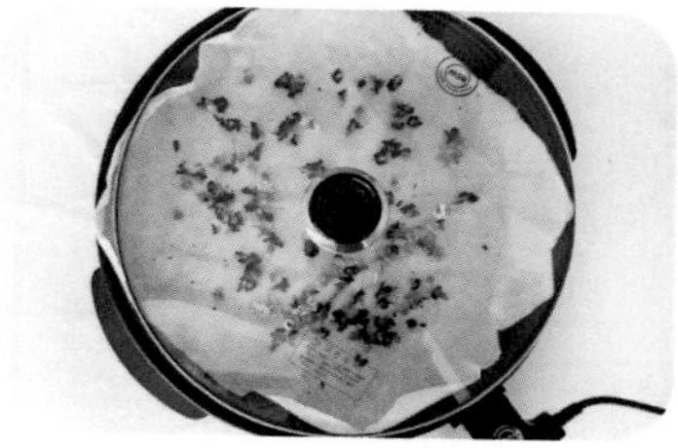

해당화차
봄꽃
(Rosa Rugosa)

생리불순, 혈당감소, 혈압강화 등에 좋은 꽃차

해당화는 우리나라 각지 바닷가의 모래땅이나 산기슭에서 자란다. 가시로 덮인 가지 끝에서 붉은빛 꽃이 1~3송이 피어난다. 꽃이 크고 아름다우며 특유의 향기를 지니고 있다. 중국 당나라 황제 현종이 양귀비를 찾았으나 잠이 덜 깬 양귀비가 "해당화의 잠이 아직 깨지 않습니다."라는 대답을 했다 하여 중국에서는 해당화를 수화(잠자는 꽃)라고도 한다. 예로부터 꽃으로 차를 만들고 술에 넣어 향을 즐겼으며, 떡이나 전을 만들 때 색을 내기도 했다. 향수의 원료로 사용되기도 한다.

정선아리랑(산수편)

정선의 구명은 무릉도원 아니냐.
무릉도원은 어데 가고서 산만 충충하네.
맨드라미 줄 봉숭아는 토담이 붉어 좋고요
앞 남산 철쭉꽃은 강산이 붉어 좋다.
봄철인지 가을철이니 나는 몰랐더니
뒷산 행화 춘절이 날 알려주네.
검은 산 물밑이라도 해당화가 핍니다.

(중략)

해당화	
학명 Rosa rugosa Thunb. var. rugosa	**식용·약용** 꽃, 잎, 열매(8월)
과명 장미과	**원산지** 한국, 일본, 중국
생약명 매괴화(玫瑰花)	**꽃말** 온화함, 미인의 잠결
성미 성질은 따뜻하고 맛은 달고 쓰다.	**효능** 당뇨, 치통, 토혈, 객혈, 생리불순, 이질 등에 좋고, 혈
개화시기 5~7월	당 감소, 혈압 강화 등의 효과가 있다.

해당화차 제다 과정 ❋

1. 세척, 손질

꽃봉오리를 채취한다. 향이 강하여 진딧물이 있을 수 있으므로 소
금물에 살짝 담갔다가 가볍게 헹구어 물기를 뺀다. 꽃잎을 벌려 꽃
모양으로 만든다. 꽃 모양을 만들지 않고 꽃봉오리 그대로 덖어도
된다. 또 꽃잎이 떨어지는 것은 꽃잎만 모아서 따로 덖어도 좋다.

2. 초벌, 건조

덖음팬을 저온에 놓고 면포를 깐다. 꽃을 가지런히 올리고 가장자
리 색이 변하면 뒤집어 주면서 덖는다. 덖음과 식힘을 반복한 다음
건조한다.

3. 중온덖음

온도를 올리고 대나무 집게를 이용하여 뒤집으며 덖은 뒤 식힌다.

4. 수분체크

① 한지를 깔고 저온에서 1~2시간 그대로 두어 수분을 날린다.

② 뚜껑을 덮고, 수분이 올라오면 뚜껑을 열어 바로바로 물기를 닦
   아준다. 10분간 수분이 올라오지 않으면 온도를 올려서 잔여 수
   분을 확인하고 더 이상 수분이 올라오지 않으면 마무리를 한다.
   소독한 병에 담아 밀봉 보관한다.

꽃차 우리기

다관에 해당화차 3~4송이를 넣고 100℃의 끓는 물을 부어 첫물은
버린 뒤, 다시 물을 부어서 3분 정도 우려내어 마신다. 깊은 잠에서
깨어난 붉은 해당화의 자태가 도도하다.

해바라기꽃차
(Sunflower)

가을꽃

혈당 및 혈압을 조절하고, 신체기능을 강화하는 꽃차

*해바라기*는 한해살이풀로 전국 각지에서 잘 자라지만, 특히 양지바른 곳에서 잘 자란다. 높이는 2m 정도로 잎은 어긋나고 잎자루가 길며 줄기 끝이나 가지 끝에 지름 10~60cm 크기의 노란꽃이 피어난다. 해바라기란 중국 이름인 '향일규(向日葵)'를 번역한 것이며, '꽃이 해를 향해 돈다.'는 뜻에서 유래되었지만, 꽃이 커서 무거워지면 해를 따라 돌지 않는다. 콜럼버스가 아메리카 대륙을 발견한 다음 유럽에 알려졌으며 '태양의 꽃'으로 부르기도 한다. 씨는 식용유로 이용하고 말려서 간식으로 먹는다.

해바라기 이야기

옛날 어느 시골마을에 착한 아내와 동녀라는 딸과 행복하게 살던 농부가 있었다. 그러다 마을에 몹쓸 병이 돌아 아내가 세상을 떠나자 중매쟁이의 감언이설에 넘어가 못됐기로 소문난 과부를 새 아내로 맞이하게 되었다. 계모는 매일 동녀를 괴롭히고 때렸다. 구박과 폭행은 계모가 아이를 낳은 뒤로 더욱 심해져, 동녀가 잠들었을 때를 틈타 낫으로 두 눈을 도려내는 데 이르렀다. 동녀는 두 눈을 움켜잡고 도망가다가 넘어졌다. 뒤늦게 이 일을 안 아버지와 마을사람들이 동녀를 찾아 나섰으나 동녀는 온데간데없고 동녀가 넘어졌던 자리에 한 그루의 나무가 자라나 노란색 꽃을 피우더니 하루 종일 해를 바라보고 있었다. 마을사람들은 동녀의 영혼이 암흑의 고통을 느낀 나머지 광명을 찾기 위해 하루 종일 해를 바라보고 도는 것으로 생각하여 해바라기라 부르며 잘 가꾸어 주었다.

해바라기			
학명 Helianthus annuus		**식용·약용** 꽃, 줄기, 씨	
과명 국화과		**원산지** 아메리카	
생약명 향일규화(向日葵花)		**꽃말** 숭배, 기다림	
성미 성질은 평하고 맛은 달다.		**효능** 혈당 및 혈압 조절, 신체기능 강화, 지혈, 이뇨, 진해 등에 좋다.	
개화시기 8~10월			

해바라기꽃차 제다 과정 ❇

1. 채취, 손질

작은 해바라기꽃을 채취하여 꽃대를 최대한 바짝 잘라준 다음 꽃받침을 여러 군데 바늘로 찔러주거나 가위질을 하여 수분이 빠져나가게끔 손질한다.

2. 증제, 열건

찜통에서 3~4분간 찌고 식힌 다음 저온에서 열건한다. 해바라기꽃은 꽃받침이 두껍고 수분이 많으므로 건조하는 데 시간이 오래 걸린다. 2~3일 충분한 시간을 가지고 천천히 덖음과 식힘을 하여 건조한다. 상황에 따라 식품건조기를 이용해서 건조해도 좋다.

3. 중온덖음

덖음팬에 한지를 깔고 중온에서 덖어준 뒤 식힌다.

4. 수분체크

① 한지를 깔고 저온에서 6~7시간 그대로 두어 수분을 날린다.

② 뚜껑을 덮고, 수분이 올라오면 뚜껑을 열어 바로바로 물기를 닦아준다. 10분간 수분이 올라오지 않으면 온도를 올려서 잔여 수분을 확인하고 더 이상 수분이 올라오지 않으면 마무리를 한다. 소독한 병에 담아 밀봉 보관한다.

꽃차 우리기

다관에 해바라기꽃차 1송이를 넣고 100℃의 찻물을 부어 꽃을 헹군 뒤, 다시 물을 부어 2~3분 정도 우려내어 마신다. 찻잔 속에 환한 태양빛이 따사롭다.

황매화차

봄꽃

(Kerria)

위장장애, 갱년기 증상 등에 좋은 꽃차

황매화는 매화 종류는 아니며 장미과에 딸린 낙엽 활엽 관목으로 우리나라 중부 이남에서 자란다. 높이는 1~2m 정도인 작은 꽃나무이며, 줄기는 녹색으로 가지가 많이 갈라진다. 꽃은 4~5월에 피는데 가지 끝에 한 개씩 달리고, 꽃 지름은 2.0~3.0cm 정도이며 노란색이다. 수술이 많고, 암술대와 수술의 길이는 같다. 열매는 꽃받침 안에서 9월경에 길이 4~5mm 정도의 흑갈색으로 익는다. 공원에 많이 심는, 꽃잎이 많은 것은 겹황매화라고 한다.

황매화 이야기

어느 어촌, 황부자는 외동딸이 가난한 청년을 사랑하자 만나지 못하게 했다. 두 사람은 아버지 몰래 바닷가에서 만나 사랑을 나누었다. 어느 날 청년이 먼 길을 떠나게 되자 외동딸은 지니고 있던 손거울을 청년에게 주었다. 청년은 거울을 반으로 갈라 "정표로 서로 간직하다가 다시 만나면 합치자."라며 길을 떠났다. 청년이 떠나자 외동딸의 아름다움에 반한 도깨비는 외동딸을 외딴섬 동굴로 데려가 입구를 가시나무로 막아 도망가지 못하게 해놓았다. 청년이 돌아와 이 사실을 알고는 도깨비가 사는 외딴섬으로 달려갔다. 그러나 가시나무 때문에 들어갈 수가 없었다. 그러자 외동딸은 가지고 있던 거울 반쪽을 던졌다. 청년이 자기가 갖고 있던 거울과 합쳐 햇빛을 반사시켜 도깨비에게 비추자 도깨비는 얼굴을 감싸 안으며 괴로워하다가 죽고 말았다. 도깨비가 죽자 가시나무의 가시들이 갑자기 부드럽게 변했다. 이때 변한 가시나무가 바로 '황매화'라고 한다.

황매화		
학명 Kerria japonica	**식용·약용** 꽃, 잎, 가지	
과명 장미과	**원산지** 한국	
생약명 체당화, 지당, 봉당화	**꽃말** 숭고, 높은 기품	
성미 맛은 쓰고, 약성은 평하다.	**효능** 지혈, 소화불량, 위장장애, 갱년기 증상(두통, 어지러움, 온열, 한랭감 등)에 도움이 된다.	
개화시기 4~5월		

황매화차 제다 과정 ❋

1. 세척, 손질

갓 피어나는 꽃을 채취하여 흐르는 물에 씻어 물기를 뺀다.

2. 초벌, 건조

덖음팬에 달군 다음 불을 끄고 한지를 깔아 꽃받침을 아래로 하여 가지런히 올린다. 꽃잎의 수분이 빠지면서 색깔이 조금씩 짙어지면 대나무 집게를 이용하여 뒤집으면서 덖는다. 덖은 꽃은 대나무 채반에 담아 식힌다. 반복한 후 건조한다.

3. 중온덖음

덖음팬에 한지를 깔고 교반하면서 덖은 다음 꺼내어 식힌다.

4. 수분체크

① 한지를 깔고 저온에서 1~2시간 그대로 두어 수분을 날린다.

② 뚜껑을 덮고, 수분이 올라오면 뚜껑을 열어 바로바로 물기를 닦아준다. 10분간 수분이 올라오지 않으면 온도를 올려서 잔여 수분을 확인하고 더 이상 수분이 올라오지 않으면 마무리를 한다. 소독한 병에 담아 밀봉 보관한다.

꽃차 우리기

다관에 황매화 5~6송이를 넣고 100℃의 찻물을 부어 세차한 뒤, 다시 물을 부어 2~3분 정도 우려서 마신다. 다관에 찻물을 부으니 금빛 황매화가 화사하게 꽃을 피운다.

황화코스모스꽃차

가을꽃

(Yellow Cosmos)

눈 충혈, 종기 등에 좋은 꽃차

황화코스모스는 한해살이풀로 화단이나 도로 등에 관상용 식물로 심어 기르던 것이 야생화되어 절로 자라기도 한다. 높이는 40~200cm 정도이며, 꽃은 7~9월 사이에 가지와 원줄기 끝에서 핀다. 혀꽃은 8개로 진한 노란색 또는 오렌지색이며, 원줄기와 가지 끝에서 핀다. 코스모스는 신이 이 세상에서 제일 먼저 만든 꽃이라는 영광을 갖고 있다. 맨 처음 만든 꽃이 너무 가냘프기만 해서 흡족할 수 없었던 신은 이렇게도 만들어 보고 저렇게도 만들어 보면서 여러 가지 색의 코스모스가 생겨났다고 한다.

코스모스

- 윤동주(1917~1945)

청초한 코스모스는
오직 하나인 나의 아가씨

달빛이 싸늘히 추운 밤이면
옛 소녀가 못 견디게 그리워
코스모스 핀 정원으로 찾아간다.

코스모스는
귀뚜리 울음에도 수줍어지고
코스모스 앞에 선 나는
어렸을 적처럼 부끄러워지나니

내 마음은 코스모스의 마음이요
코스모스의 마음은 내 마음이다.

황화코스모스		
학명 Cosmos sulphureus	**식용·약용** 꽃, 줄기	
과명 국화과	**원산지** 멕시코	
생약명 추영(秋英), 유황국(硫黃菊)	**꽃말** 애정, 소녀의 순정	
성미 성질은 약간 따뜻하고 맛은 맵고 달다.	**효능** 플라보노이드, 폴리페놀, 칼슘 등을 함유하고 있으며,	
개화시기 7~9월	눈이 충혈되고 아픈 증세와 종기에 효능이 있다.	

황화코스모스꽃차 제다 과정 ※

1. 채취, 손질
갓 피어난 꽃을 채취하여 줄기를 잘라내고 꽃만 깨끗이 손질한다.

1

2. 초벌, 건조
덖음팬 온도를 저온으로 하고 면포를 깔아준다. 면포 위에 꽃받침을 아래로 향하게 올리고 30분간 그대로 둔다. 덖은 꽃은 대나무 채반에 담아 식히고, 반복한 후 건조한다.

2

3. 중온덖음
덖음팬에 한지를 깔고 중온에서 덖은 후 식힌다.

4. 수분체크
① 한지를 깔고 저온에서 30분~1시간 그대로 두어 수분을 날린다.
② 뚜껑을 덮고, 수분이 올라오면 뚜껑을 열어 바로바로 물기를 닦아준다. 10분간 수분이 올라오지 않으면 온도를 올려 잔여 수분을 확인하고 더 이상 수분이 올라오지 않으면 마무리를 한다. 소독한 병에 담아 밀봉 보관한다.

3

꽃차 우리기
다관에 노란코스모스 꽃차 5~6송이를 넣고 100℃의 찻물을 부어 꽃을 헹구어 낸 뒤, 다시 물을 부어 2~3분 정도 우려내어 마신다. 오렌지 빛깔의 수색이 폭포수처럼 터진다. 환타 맛이 날 것 같은 맛있는 꽃물~

4

생강나무꽃

3부

몸에 좋은 뿌리차, 잎차, 열매차

비트차

성미 평하고 달다.

효능 안토시아닌, 비타민, 철분, 엽산, 섬유질이 풍부하여 혈액 정화, 면역력 강화, 장 건강 증진, 변비해소 등에 도움이 된다.

1. 세척, 손질

작업 전에 비닐을 깔고 작업한다. 껍질을 벗기고 채를 썬다. 채칼을 이용해도 된다.

2. 살청, 건조

덖음팬 온도를 고온에서 살청한다. 모아서 꾹꾹 눌러주고 펼쳐주고, 앞뒤로 뒤집으며 덖는다. 비트가 익으면 소쿠리에 담아 식혀준다. 부채질로 빠르게 식혀준다. 덖음과 식힘을 반복하고 바람이 잘 통하는 서늘한 곳에 두고 충분히 건조시킨다.

3. 중온덖음

중온에서 충분히 덖어주고 식힌다.

4. 수분체크

① 한지를 깔고 저온에서 1~2시간 그대로 두어 수분을 날린다.

② 뚜껑을 덮는다. 뚜껑에 김이 서리면 바로바로 물기를 닦아준다. 10분간 김이 서리지 않으면 온도를 올려서 잔여 수분을 확인하고 더 이상 수분이 올라오지 않으면 소독한 병에 담아 밀봉 보관한다.

뽕잎차

성미 성질은 차가우며 쓰고 달다.

효능 간의 열을 식혀 눈을 밝게 하고 기관지 천식이나
해열, 두통, 눈 충혈, 입마름, 어지럽고 현기증
나는 증세, 고혈압, 당뇨병 등에 좋다.

1. 세척, 손질

뽕나무 잎은 5월과 11월 서리가 내린 후에 채취해서 차로 만들 수 있다. 뽕잎을 깨끗이 씻어 물기를 빼고 1cm 정도로 채를 썬다.

2. 살청, 유념

덖음팬 온도를 고온으로 하여 뽕잎을 덖는다. 뜨거우니 면장갑을 끼고 양손을 이용하여 모아서 눌러주고 펼치면서 덖어준다. 충분히 익으면 꺼내어 면포에 싸서 유념한다. 잎의 조직을 으깨는 작업이다. 펼쳐서 부채를 이용하여 열기를 빼주고 건조한다.

3. 중온덖음

찻잎이 타지 않게 빠르게 덖어주면서 덖음과 식힘을 반복한다.

4. 수분체크

① 한지를 깔고 저온에서 1~2시간 그대로 두어 수분을 날린다.

② 뚜껑을 덮는다. 뚜껑에 김이 서리면 바로바로 물기를 닦아준다. 10분간 김이 서리지 않으면 온도를 올려서 잔여 수분을 확인하고 더 이상 수분이 올라오지 않으면 마무리를 한다. 소독한 병에 담아 밀봉 보관한다.

생강차

성미 성질은 따뜻하고 맵다.

효능 속이 냉하거나 소화가 안 되고 설사가 날 때 도움이 되고 위장기능을 개선하며, 체지방 분해를 촉진한다. 기침과 가래에 좋다.

1. 세척, 손질

① 생강은 한 쪽씩 떼서 깨끗이 씻어주고 껍질을 벗긴 후 얇게 편을 썬다.

② 편을 썬 생강은 냉수에 잠깐 담가 매운맛을 살짝 빼주고 물기를 뺀다.

2. 살청, 건조

덖음팬 온도를 고온으로 하고 올려서 살청한 뒤, 소쿠리에 담아 식힌다. 덖음과 식힘을 반복하고 햇볕에서 반나절 건조한다.

3. 중온덖음

덖음팬에서 직화로 덖은 다음 식힌다.

4. 수분체크

① 한지를 깔고 저온에서 30분~1시간 그대로 두어 수분을 날린다.

② 뚜껑을 덮는다. 뚜껑에 김이 서리면 바로바로 물기를 닦아준다. 10분간 김이 서리지 않으면 온도를 올려 잔여 수분을 확인하고 더 이상 수분이 올라오지 않으면 마무리를 한다. 소독한 병에 담아 밀봉 보관한다.

생강차 우리기

다관에 생강차 3~5 조각을 넣고 100℃의 찻물을 부어 한 번 세차한 뒤, 다시 물을 부어 2~3분 정도 우려서 마신다. 생강차를 마실 때는 계피와 달콤한 과일차를 블랜딩해서 마시면 매운맛이 완화되고 차 맛도 더 좋아진다.

당유자
쌍화단자

당유자는 제주도 토종열매로 커다란 재래귤인데 댕유자라고도 한다. 당유자는 일반 유자와는 다르게 쓴맛과 향이 강해 과일로 먹기에는 적합하지 않지만 제주에서는 유자처럼 청이나 단자 등 식용으로 유용하게 이용하고 있으며 약으로도 이용한다. 동의보감에서는 술독을 해소하고 숙취로 인한 입냄새를 제거해 준다고 했다.

성미 성질은 서늘하다.

효능 쌍화차는 기혈 부족, 피로회복과 원기 충전에 좋고, 면역력 높이는 데 효과가 있다.
- 갈근 – 서늘하고 맛은 쓰고 달다. 열성 피부질환에 좋고 목, 어깨 근육 긴장을 풀어준다.
- 건강 – 따뜻하고 맛은 맵다. 체지방 분해를 촉진하고, 위장기능을 개선하며, 대사를 촉진한다.
- 감초 – 성질은 평하고 맛은 달다. 다른 약재의 효과를 조화롭게 한다. 해독 기능이 있다.
- 계피 – 뜨겁고 맛은 맵고 달다. 체온을 올려주고 면역을 개선한다.
- 당귀 – 따뜻하고 맛은 달고 맵다. 혈을 보하고 혈액순환 장애를 개선한다.
- 대추 – 따뜻하고 맛은 달다. 비장을 보하고 마음을 편안하게 하여 불면증에 좋다.
- 숙지황 – 따뜻하고 달다. 혈열을 꺼주고 음혈을 보충해 보혈하는 기능을 한다.
- 작약 – 조금 차고 맛은 쓰고 시다. 피를 잘 돌게 하며 월경을 통하게 한다.
- 천궁 – 따뜻하고 맛은 맵다. 원활하지 못한 기와 혈을 순환한다.
- 황기 – 따뜻하고 맛은 달다. 노화에 의한 기력저하를 회복해주고, 양의 기운을 올려준다.

재료 당유자, 명주실 쌍화차 재료(백작약 10g, 숙지황·황기·당귀·천궁·대추 각 4g, 계피·감초 2.8g, 칡·건강 3g)

1. 세척, 손질

① 명주실을 식초물에 넣고 삶아준다. 팔팔 끓으면 불을 끄고 깨끗이 헹구어내고, 물기를 말려 적당한 길이로 자른다.

② 베이킹소다와 식초를 이용하여 당유자를 깨끗이 세척한 다음 물기를 닦아낸다.

③ 당유자 윗부분을 조금 잘라내어 뚜껑으로 사용하고 유자 속은 파낸다. 몸통과 뚜껑이 서로 바뀌면 안 되므로 몸통 위에 뚜껑을 뒤집어 올려둔다.

2. 법제, 덖음

- 황기와 감초는 꿀물(꿀 1ts)에 1시간 정도 담근 후 고온에서 여러 번 덖고, 수분체크한다.
- 작약과 당귀는 각각 술(청주)에 담근 후 스프레이로 청주를 뿌려주면서 덖어준다.
- 천궁은 미지근한 물이나 쌀뜨물에 하루 담가 기름을 제거하고, 한 번 헹군 다음 덖는다.
- 계피는 1시간 정도 물에 불려 껍질을 벗기고 결대로 자른 뒤 덖어준다.
- 숙지황은 법제가 된 것이므로 그대로 사용하면 된다.
- 생강은 편으로 썰어 잘 덖어준다. 생 생강보다 건 생강을 이용하는 것이 좋다.
- 갈근은 깨끗이 씻은 다음 타지 않게 주의하면서 여러 번 덖어주고 수분체크한다.
- 대추는 씨를 빼고 돌려 깎는다.

* 쌍화차 재료는 가급적 잘게 자른다. 법제 후 자르면 부드러워 쉽게 자를 수 있다.
* 법제 → 재료의 특성에 따라 여러 번 덖음과 식힘 → 수분체크

3. 쌍화당유자 찌기

① 한약재료를 골고루 분배하여 유자껍질 속에 담는다. 한약재가 부푸므로 속을 다 채우지 말고 조금 부족한 듯 채우고 뚜껑을 덮고 꼭꼭 눌러 자리를 잡고 명주실로 4번을 돌려 묶어준다.

② 김이 오른 찜통에 유자쌍화를 넣고 뚜껑을 덮어 10분간 찐다. 3분 정도 뜸들인 후 뚜껑을 열고 한 김 식힌다.

4. 발효, 건조

① 전기밥솥에 넣고 보온 상태에서 6일간 발효시킨다.

② 발효시킨 쌍화유자를 바람이 잘 통하는 곳에 매달아 3일간 건조한다.

③ 덖음팬에 찜기팬을 놓고 그 위에 잘 말린 쌍화유자를 올려 열건으로 남은 수분을 날려준 다음, 마지막으로 잔여 수분 체크를 하여 마무리한다.

무지개색
연근차

효능

혈압을 안정시키고 심혈관에 도움을 주며 면역력을 증가시킨다. 소화를 돕고 장운동을 촉진시켜 변비에 좋고 노폐물의 배출을 돕는다. 또한 위벽을 보호하고 해독, 지혈작용에도 효과가 있다.

재료 연근 1kg, 식초1T, 천연색소(비트, 홍화, 황화코스모스, 치자, 말차, 팬지, 버터플라이피)

1. 세척, 손질

① 홍화, 황화코스모스 팬지, 버터플라이피, 비트는 꽃차로 우려내고, 치자와 말차는 가루를 물에 타서 색소를 준비한다. 색깔별로 그릇을 따로 준비한다.

② 볼에 물을 담고 식초를 넣는다.

③ 연근을 깨끗이 씻어 껍질을 벗긴 후 0.3cm 두께로 썰어 바로 식초물에 담근 후 채반에 받쳐 물기를 뺀다.

2. 증제

찜통에 면포를 깔고 김이 오르면 연근을 올려 5~7분간 쪄준다. 3분 정도 뜸을 들인다.

3. 색 입히기

① 쪄낸 연근은 각각에 담긴 색소 물에 20분간 담구고 색을 입힌다. 담그는 시간에 따라, 또 재료의 특성에 따라 색이 진하거나 연하게 입혀지므로 재료에 따라 시간조절을 한다. 흰색은 자연 그대로의 색을 이용한다.

② 연근에 색이 잘 입혀졌으면 꺼내어 채반에 받치고 키친타월에 올려 둔다.

4. 저온, 중온덖음

① 덖음팬 온도를 저온으로 하고 연근을 올려 직화로 덖어준다. 앞뒤로 뒤집어 주면서 덖는다. 덖음과 식힘을 여러 번 반복한다.

② 수분이 거의 제거되었으면 온도를 조금 올려서 덖어주고 식힌다.

5, 수분체크

뚜껑을 덮고 수분이 올라오는지 확인하고, 10분간 뚜껑에 김이 서리지 않으면 마무리한다.

연잎차

성미 성질은 평하고 떫고 달다.

효능 머리와 눈의 열을 내려주고
맑게 하며 마음을 안정시키
는 효능이 있다.

1. 세척, 손질

① 연잎을 따서 깨끗이 물기를 뺀다.

② 연잎은 연잎맥을 따라 썰기 좋은 크기로 나누어 잘라 5mm 정도의 굵기로 채를 썬다.

2. 살청, 유념

① 고온에서 연잎을 덖는다. 양 손을 이용하여 꾹꾹 눌러주고 펼쳐서 날려주면서 덖는다.

② 뜨겁게 살청한 연잎을 면포에 싸서 비벼준 후 채반에 펼쳐 식힌다. 부채를 이용하여 열기를 뺀다.

3. 중온덖음

① 덖음팬에 연잎을 넣고 중간중간 손으로 비비면서 덖는다. 덖음과 식힘을 반복한다.

② 수분이 거의 없어지고 까슬까슬한 상태가 되면 잎이 바스러지지 않도록 주의하면서 나무주걱을 이용하여
가볍게 덖어주고 식힌다.

4. 수분체크

① 저온에서 1~2시간 그대로 두어 수분을 날린다.　　　　　② 수분체크 후 소독한 병에 넣고 밀봉한다.

우엉차

성미 성질은 차갑고, 약간 쓰면서 달고 떫다.

효능 열을 내리고 피를 맑게 한다. 혈관청소부라 불릴 만큼 식이섬유와 이눌린이 많이 함유되어 있어 신장 기능을 좋게 하고 이뇨작용과 혈당을 낮추는 데 도움이 된다고 한다.

1. 세척, 손질

우엉은 너무 크지도 가늘지도 않은 중간 사이즈로 준비한다. 흙을 털어내고 면장갑을 끼고 가볍게 문질러 껍질에 묻어 있는 이물질을 제거한 뒤, 깨끗이 씻어 껍질째 3cm 길이로 채를 썬다.

2. 살청, 건조

고온에서 모아서 꾹꾹 눌러주고 펼쳐준다. 뜨거운 열기에 차가 타지 않도록 주의하면서 살청한 뒤, 채반에 담아 식힌다. 덖음과 식힘을 반복하고 바람이 잘 통하는 곳에 두어 반나절 건조한다.

3. 중온덖음

중온에서 골고루 열이 전달되도록 덖은 다음 식힌다.

4. 수분체크

① 한지를 깔고 저온에서 1~2시간 그대로 두어 수분을 날린다.

② 뚜껑을 덮는다. 뚜껑에 김이 서리면 바로바로 물기를 닦아준다. 10분간 김이 서리지 않으면 온도를 올려서 잔여 수분을 확인하고 더 이상 수분이 올라오지 않으면 마무리를 한다. 소독한 병에 담아 밀봉 보관한다.

진피차

1. 세척, 손질

귤껍질을 깨끗이 씻어 물기를 뺀 뒤 차로 만들기에 적당한 길이로 채를 썬다.

2. 살청, 건조

고온에서 직화로 덖는다. 면장갑을 끼고 양 손으로 재료를 모아서 꾹꾹 눌렀다가 펼치면서 살청한다. 대나무 채반에 담아 부채질로 식힌다. 바람이 잘 통하는 곳에 두고 건조한다.

3. 중온덖음

덖음팬에 한지를 깔고 중온에서 덖은 뒤, 바깥으로 꺼내어 식힌다.

4. 수분체크

① 한지를 깔고 저온에서 1~2시간 그대로 두어 수분을 날린다.

② 뚜껑을 덮는다. 뚜껑에 김이 서리면 바로바로 물기를 닦아준다. 10분간 김이 서리지 않으면 온도를 올려서 잔여 수분을 확인하고 더 이상 수분이 올라오지 않으면 마무리를 한다. 소독한 병에 담아 밀봉 보관한다.

성미 성질은 따뜻하고, 쓰고 맵다.

효능 '기의 소통의 명약'이라 한다. 혈관을 튼튼히 하여 혈관염증을 억제하고, 기의 소통을 원활히 하여 비장, 소화기능을 강하게 한다. 체내 습을 없애고 노폐물 제거에 효과가 그만이다.

해독차

1. 세척, 손질

뿌리채소나 각 채소들은 각각 깨끗이 씻어 물기를 빼고, 뿌리채소는 껍질을 벗겨 깍뚝 모양으로 썬다. 잎채소는 1cm 정도 크기로 자른다.

2. 살청, 유념

덖음팬에 온도를 고온으로 올린 뒤, 재료를 넣고 각각 덖는다. 뿌리채소는 면포에 싸서 유념을 하고, 잎채소는 살청하면서 양손으로 비벼 가볍게 유념하면서 덖는다. 덖음과 식힘을 반복한 다음 충분히 건조한다.

3. 중온덖음

재료의 특성에 따라 덖음과 식힘을 반복하고 수분이 거의 제거되면 마무리하고 식힌다.

4. 수분체크

① 저온에서 1~2시간 그대로 두어 수분을 날린다.

② 뚜껑을 덮는다. 뚜껑에 김이 서리면 바로바로 물기를 닦아준다. 10분간 김이 서리지 않으면 온도를 올려서 잔여 수분을 확인하고 더 이상 수분이 올라오지 않으면 마무리한다. 소독한 병에 담아 밀봉 보관한다.

효능 해독요법은 대사기능을 정상화하고 음양의 부조화를 조화롭게 하며, 면역력을 증가시키고 자체 정화 능력을 키워 체질 개선과 질병 극복 능력을 최상화한다.

재료 연근, 우엉, 비트, 당근, 래디쉬, 도라지, 샐러리, 무, 적양배추, 브로콜리, 표고버섯, 칡

뽕잎

4부

건강한 간식 다과, 음료

곶감단자

재료

곶감(반건시) 20개,
호두정과(1/4태) 500g,
대추채 150g

시럽 : 계핏가루 1ts, 물
70g, 설탕 150g,
물엿 80g, 소금
약간

1. 호두정과

① 냄비에 물을 넣고 팔팔 끓으면 호두를 넣어서 데친 후 찬물에 헹구어낸다.

② 냄비에 시럽 재료를 넣고 불에 올려 설탕이 다 녹으면 데친 호두를 넣고 졸인다.

③ 튀김팬에 식용유를 넣고 졸인 호두를 튀겨낸다. 튀긴 호두는 펼쳐서 식힌다.

2. 속재료

① 마른 대추는 깨끗이 씻어 물기를 빼고 돌려 깎아서 씨를 제거하고 곱게 채 썬다.

② 유자청 건더기는 체에 내려 물기를 빼고 다진다.

③ 볼에 호두정과, 대추, 유자청을 같이 넣고 잘 섞어 소를 만들어 둔다.

3. 곶감 주머니

① 말랑말랑한 곶감을 준비한 뒤, 가위나 칼을 이용해 곶감 꼭지 부분을 잘라낸다.

② 곶감 안에 들어있는 씨를 빼내고 속을 파내어 주머니처럼 만든다.

③ 곶감주머니 안에 소를 넣는다. 작은 티스푼이나 손으로 꾹꾹 눌러주면서 속을
가득 채운다. 곶감이 찢어지거나 터지지 않도록 조심한다.

TIP

호두정과를 기름에
튀기는 과정이 조금
번거롭다면 간단하게
오븐에 구워도 된다.
곶감은 너무 수분이
많아 질척거리거나
또 너무 딱딱한 것은
단자 만들기에 적합
하지 않다. 적당하게
부드럽고 탄력이 있
는 곶감이어야 만들
기도 편하고 모양도
예쁘게 된다.

꽃식초

재료
스토크 30g(식용꽃), 레몬
슬라이스 1/2개, 로즈마리
약간, 감식초(or 과일식초),
꿀(or 올리고당, 설탕),
와인병, 마개

1. 세척, 손질

① 스토크와 로즈마리는 깨끗이 씻어 물기를 닦아낸다.

② 레몬은 소금으로 씻어 뜨거운 물에 굴러준 다음 식초물에 씻어준다.

2. 재료 병입

① 레몬을 얇게 반달 모양으로 슬라이스하고 씨는 제거한다. 꽃은 송이로 해도
되고 한 잎씩 뜯어서 해도 된다. 로즈마리는 병입하기 좋은 크기로 잘라준다.

② 소독한 병에 레몬과 스토크, 로즈마리를 함께 넣는다. 상큼한 맛을 원하면
레몬을 더 넣어도 좋다.

3. 시럽 준비

① 재료를 넣은 병에 꿀을 1/2 붓고, 나머지는 식초로 채운다.

② 설탕으로 할 경우, 식초와 설탕을 같은 비율로 섞어 설탕이 녹으면 병에 붓는다.

4. 숙성, 보관

① 빛이 들지 않게 색깔이 있는 면포를 씌우고 서늘한 곳에서 2~3주 숙성한다.

② 숙성된 식초는 체에 건더기를 거르고 액체만 병에 담아 뚜껑을 닫아 보관한다.

③ 식초과 물의 비율을 1:5로 해서 음료로 마셔도 좋고, 여름에는 생수 대신에
사이다와 얼음을 동동 띄워 무알콜 칵테일을 만들어 마시면 시원하다.

> **TIP** 꽃 자체의 예쁜 색깔을 즐기고 싶다면 투명하고 깔끔한 과일식초를 넣는 것이 좋다.
> 소주에 꽃식초를 넣어주면 향긋하고 달콤한 과일소주를 즐길 수 있다.

금귤정과

재료

금귤 1kg, 설탕1kg (1:1)
설탕 대신 물엿, 꿀, 올리고당으로 만들어도 되고, 설탕과 꿀을 섞어서 만들어도 된다.

TIP
금귤과 설탕을 버무린 후 기다릴 시간
이 부족할 때는 재료에 물 1컵을 넣고
바로 불에 올려서 졸여도 된다.

① 금귤은 식초와 베이킹소다를 푼 물에 5분간 담가 두었다가 여러 번 흐르는 물에 깨끗이 씻어 물기를 뺀다.

② 칼이나 이쑤시개를 이용하여 금귤의 초록색 꼭지를 따고 칼로 반으로 자른다.

③ 반으로 자른 금귤은 손으로 살짝 눌러주면서 이쑤시개를 이용하여 씨앗을 빼낸다.

④ 냄비에 정과를 담고 준비된 분량의 설탕을 넣어 골고루 섞어서 3시간 정도 두면 금귤 안의 수분과 설탕이 녹으면서 물기가 많이 생긴다.

⑤ 냄비에 재료를 넣고 중불에서 가열한다. 끓으면 거품은 걷어내고 냄비 바닥에 눌어붙지 않도록 저어준다. 속에 남아있던 씨앗이 빠져나오기도 하는데 걷어내면서 졸인다. 어느 정도 투명해지면 불을 끄고 완전히 식힌다.

⑥ 다시 중불에서 가열한다. 졸이고 식히는 과정을 반복한다.

⑦ 마지막으로 다시 중불에 올려 졸이다가 색깔이 진해지고 시럽이 거의 줄어들면 약불에서 서서히 졸인다. 정과가 보석처럼 반짝이며 투명해지면 불을 끈다.

⑧ 체에 걸러 시럽을 빼준 다음, 숟가락에 하나씩 올려 젓가락을 이용하여 정과의 모양을 꽃잎 모양으로 동글게 다듬어 채반에 빙 둘러 담는다.

⑨ 쫀득한 젤리의 식감을 살리기 위해 하루 동안 자연 건조한다. 건조기에서 건조해도 된다. (50℃, 7~8시간)

⑩ 완성된 금귤정과는 냉동 보관해두면 일 년 내내 새콤달콤하고 쫀득한 천연젤리를 즐길 수 있다.

꽃송편

꽃송편

- 방랑시인 김삿갓

손바닥에 굴리고 굴려 새알을 빚더니
손가락 끝으로 낱낱이 조개 입술을 붙이네.
금반 위에 오뚝오뚝 세워 놓으니
일천 봉우리가 깎은 듯하고,
옥젓가락으로 달아올리니
반달이 둥글게 떠오르네.

재료

멥쌀가루 2컵, 소금 1ts, 밤1/2컵, 꿀 1ts, 계핏가루 약간, 풋콩(서리태) 1/2컵, 소금 약간, 흰깨 1/4컵, 황설탕 2ts

천연가루 : 단호박, 장미가루, 복분자, 맨드라미, 팬지차, 버터플라이피, 쑥

1. 반죽하기

① 멥쌀가루를 체에 쳐서 8등분으로 나누고, 소금도 소량 넣어준다.

② 끓는 물을 부어 익반죽을 한다. 각각의 천연가루나 차 우린 물을 같이 넣고, 여러 번 치대어 반죽을 한다. 하나는 천연가루를 넣지 않고 흰색으로 그대로 둔다.

③ 완성된 반죽은 마르지 않게 젖은 행주를 덮거나 비닐봉지 안에 넣어 잠시 휴지시킨다.

2. 속재료

① 껍질을 벗긴 밤은 푹 삶아 으깨어 계핏가루와 꿀을 넣고 섞어 둔다.

② 흰깨는 볶아서 살짝 빻아 황설탕과 섞는다.

③ 콩은 삶아서 물에 한 번 헹구어 약간의 소금을 뿌려 둔다.

3. 송편 빚기

① 반죽을 밤알 크기로 떼어 둥글게 빚은 다음, 엄지손가락으로 중앙을 눌러서 가운데가 움푹 파이도록 한다. 그 속에 여러 소를 넣고 양 끝을 붙여 반달 모양이 되게끔 빚는다.

② 색색의 반죽으로 꽃 모양을 만들어 송편 위에 물을 바르고 살짝 눌러 붙인다.

4. 송편 찌기

① 시루나 찜통에 면포를 깔고 솔잎을 깐 뒤, 그 위에 송편을 올린다. 송편과 솔잎을 켜켜이 놓고 20분 정도 찐다. 5분간 뜸을 들인 후, 불을 끈다.

② 냉수에 송편을 재빨리 담가 솔잎을 떼고 소쿠리에 건져서 물기를 빼고 참기름을 바른다.

다식

재료

① **콩다식** : 볶은콩가루 50g, 물엿 2 큰술, 물 1 큰술
② **솔잎다식** : 볶은콩가루 50g, 솔잎가루 10g, 꿀 3큰술, 물 2큰술
③ **백년초다식** : 콩가루 50g, 백년초가루 10g, 꿀 3큰술, 물 1큰술
④ **단호박다식** : 콩가루 20g, 단호박가루 30g, 꿀 2큰술, 물 3큰술
⑤ **송화다식** : 콩가루 50g, 송홧가루 50g, 꿀 3큰술, 물 3큰술
⑥ **밤다식** : 밤 300g, 계핏가루 1작은 술, 꿀 1큰술
⑦ **아몬드다식** : 아몬드가루 200g, 꿀 2큰술
⑧ **찹쌀다식** : 찹쌀가루 1컵, 오미자 우린 물 2큰술, 꿀 3큰술
⑨ **코코아다식** : 아몬드가루 100g, 코코아가루 50g, 꿀 1큰술, 물 1.5큰술

TIP 찹쌀가루는 찹쌀밥을 쪄서 말린 뒤에 가루낸 것으로 해야 맛도 있고, 먹기도 좋다.

1. 반죽하기

① 밤은 껍질을 까고 찌거나 삶아서 곱게 으깨 계핏가루와 꿀을 섞어 반죽한다.

② 아몬드는 분쇄기에 갈아 가루 내어 천연가루와 섞어 반죽한다.

③ 오미자는 다식 만들기 하루 전날에 미리 찬물에 담가 두어 진하게 우려낸다.
　오미자물, 찹쌀가루, 꿀을 섞어 반죽한다.

④ 그 외 재료도 분량대로 섞어 각각 반죽한다. 반죽을 뭉칠 때 부서지지 않고
　촉촉하게 잘 뭉쳐지면 된다. 재료의 특성에 따라 꿀이나 물을 조절한다.

2. 다식판 모양내기

① 만들어 놓은 반죽을 밤톨만큼 떼어 경단처럼 둥글게 빚어둔다.

② 다식판에 참기름을 엷게 바르고 반죽을 다식판에 꼭꼭 눌러서 모양을 낸다.

도넛설기

재료
쌀가루 270g, 찹쌀가루 60g, 물 100g, 설탕 60g, 앙금 120g, 실리콘 몰드
천연가루 : 딸기, 치자, 단호박, 쑥, 백년초, 녹차, 자색고구마, 코코아파우더
속재료 : 다진견과 30g, 조청 10g, 설탕 10g

TIP 도넛 모양 그대로 즐겨도 좋지만 중앙에 꽃이나 견과류 등으로 모양을 내면 꽃처럼 예쁜 도넛설기가 된다.

1. 체에 내리기
① 볼에 멥쌀과 찹쌀가루를 넣고 물을 조금 넣어 섞어준 다음 손으로 큰덩어리가 없게 골고루 비벼준다.
② 체에 한번 내려 가루를 6~8등분으로 나눈다.

2. 반죽하기
① 가루에 준비한 각각의 천연가루를 넣어 반죽한다. 반죽을 가볍게 손으로 잡았을 때, 잘 뭉쳐지고 촉촉한 느낌이 들면 된다.
② 반죽을 랩에 싸서 30분~1시간 정도 그대로 두어 숙성한다.

3. 모양내기
① 다진 견과와 조청, 설탕을 섞어 도넛 속에 넣을 소를 준비한다.
② 숙성된 반죽을 둥글게 빚어 도넛 모양 실리콘 몰드에 반죽을 반 깔고 소를 올려 속을 채운 뒤, 남은 반죽을 덮어 누르면서 평평하게 모양을 잡는다.

4. 찜통에 찌기
① 김이 오른 찜통에 몰드째 올려서 약불로 20분 찐 뒤, 불을 끄고 5~10분 정도 뜸을 들인다.
② 한 김 나간 후, 몰드를 뒤집어 살짝 누르면 도넛 설기가 똑 떨어져 나온다.

삼색
상투과자

① 백앙금에 노른자 두 개와 꿀, 우유를 넣고 섞어준다. 주걱으로 치대듯이 앙금을 잘 풀어주면서 섞는다.

② 아몬드를 분쇄기에 갈아서 가루내어 ①에 섞어준다.

③ 반죽을 3개로 나누어 천연가루색소를 섞어준다.
   (기본, 자주고구마, 쑥차)

④ 짤 주머니에 깍지를 끼운 뒤 반죽을 담아준다.

⑤ 오븐은 150℃에서 예열해 둔다. 오븐 팬에 데프론시트를 깔고 반죽을 팬닝해준다. 서로 들러붙지 않도록 간격을 조금 띄우며 짠다.

⑥ 오븐에 넣어 180도에서 20분간 굽는다.

⑦ 밑면 색이 익은 걸 확인하고 오븐에서 뺀다.

재료 백앙금 500g, 노른자 2개, 아몬드가루 30g, 꿀15g, 우유 10g, 자주고구마 가루 적당량, 쑥차 가루 적당량

TIP

오븐에 따라서 온도와 시간을 조절한다. 부드러운 상투과자를 원하면 우유를 넣고, 단단한 상투과자를 원하면 우유를 빼고 아몬드 가루를 추가하면 된다. 기호에 따라 재료를 가미하면 맛있는 상투과자를 만들 수 있다.

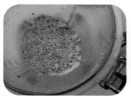

삼색식혜

1. 엿기름 우려내기

① 엿기름 가루를 면주머니에 넣어 가볍게 세척한 다음, 물 2L를 부어 30분간 불린다.

② 불린 엿기름은 손으로 주물러서 맥아성분이 잘 우러나오도록 한 다음 2시간 정도 그대로 두어 앙금이 가라앉도록 한다.

2. 고두밥 찌기

① 멥쌀을 잘 씻어 2~3시간 불린 후 찜통에 면포를 깔고 고슬고슬하게 고두밥을 찐다.

② 찌는 중간에 물을 약간 뿌려주고 위아래를 섞어서 고루 쪄지게 한다.

3. 보온밥통에 삭히기

① 전기밥솥에 뜨거운 고두밥을 넣고 앙금을 가라앉힌 엿기름 윗물을 천천히 붓는다. 이때 앙금이 들어가면 식혜가 깨끗하게 되지 않으므로 앙금이 따라 들어가지 않도록 한다.

② 보온에서 5~7시간 정도 삭혀 준다. 밥알이 삭으려면 50~60℃를 유지해야 한다. 이보다 낮은 온도에 오래 두면 삭기 전에 쉬고, 지나치게 높으면 효소 작용이 중지되어 아예 삭지 않는다.

재료 멥쌀 200g, 백년초 차 우린 물 300ml, 설탕 300g, 엿기름 500g, 단호박 가루 50g, 물 2L

효능 엿기름에는 당화효소 인 아밀라아제가 많이 들어 있어서 식후 소화를 돕는다. 또한 맥아의 성질이 따뜻하여 소화 불량은 물론 복부창만, 구토 및 설사를 완화하는 데에도 도움이 된다.

4. 밥알 건져내기

밥알이 삭아서 위로 동동 떠오르면 건져서 찬물에 씻어 물기를 뺀 뒤 냉장고에 넣어둔다.

5. 단호박과 비트식혜

삭힌 엿기름 물을 냄비에 나눠 담는데 한 쪽에는 단호박 가루를 넣고, 또 다른 쪽에는 비트차 우려낸 물을 넣고 팔팔 끓인다. 이때 설탕을 같이 넣고 한소끔 끓여낸다.

6. 밥알 띄우기

차갑게 식힌 식혜를 그릇에 담고 그 위에 밥알을 동동 띄워준다. 잣이나 대추가 있으면 고명으로 띄워 내면 맛도 영양도 더 좋다.

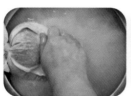   

쑥개떡

재료 쑥 200g(or 쑥차), 멥쌀가루 500g, 소금 1ts, 뜨거운 물 1.5컵(종이컵),
참기름, 굵은소금, 설탕 1ts(선택)

1. 세척, 손질

① 쑥은 이물질이 많이 있을 수 있으므로 먼저 깨끗이 다듬은 후 흐르는
물에 여러 번 씻어준다.

② 끓는 물에 굵은 소금을 조금 넣고 쑥을 데쳐준다. 데친 쑥은 찬물에 여러
번 헹군 후 잘게 잘라준다(믹서로 갈아줘도 된다.).

2. 반죽하기

멥쌀가루와 쑥, 소금, 뜨거운 물을 부어 반죽한다. 취향에 따라 설탕을 넣고 치
대듯 반죽한다. 반죽을 오래하면 찰기가 생겨 떡이 갈라지지 않고 쫀득해진다.

3. 찜통에 찌기

찜통에 김이 오르면 반죽 덩어리를 넣고 20분 정도 쪄주고 3~5분 정도 뜸 들
인다. 한 김 나간 쑥개떡에 참기름을 약간 발라주면 모양을 낼 때 들러붙지 않
아 만들기도 쉽고, 쌉쌀한 쑥에 참기름이 더해져서 맛과 향이 좋다.

4. 모양 빚기

① 익힌 떡을 먹기 좋은 크기로 떼어 납작하게 빚는다. 둥글게 빚어 손바닥으로
누르면 모양이 잘 잡힌다. 울퉁불퉁 못 생겨서 더 맛있는 봄향 가득 쑥개떡
완성~

② 떡 모양 틀이 있으면 찍어주면 더 예쁜 모양의 쑥개떡을 만들 수 있다.

* 3번과 4번 순서를 바꿔 먼저 반죽을 동글납작하게 빚어 찜통에 쪄도 된다.

TIP
이른 봄에 쑥을 뜯어 쑥차로 만들어 놓으
면 사시사철 언제든지 편하게 쑥개떡을
만들어 먹을 수 있다(가루 내어 반죽하면
된다.). 둥글게 빚은 반죽은 후라이팬에
기름을 약간 두르고 구워 먹어도 맛있다.

약식

점반(粘飯)

- 이색(고려시대)

아교 같은 찹쌀밥을 둥글게 뭉쳐 꿀로 버무리면 빛깔이 알록달록
다시 밤 대추에 잣을 곁들이면 입안에서 달달한 맛을 돋워준다네.

粘米如膠結作團 調來崖蜜色爛斑
更教棗栗幷松子 助發甛甘齒舌間

재료 찹쌀 2컵, 꿀 1큰술, 황설탕 80g, 진간장 2큰술, 참기름 2TS, 밤 3개, 대추 3개, 견과류, 계핏가루 1 작은술, 소금물

1. 세척, 손질

① 찹쌀은 깨끗이 씻어서 물에 5~6시간 정도 불린다.

② 밤은 속껍질까지 벗기고, 대추는 씨를 발라내어 각각 4등분으로 썰어둔다.

2. 찹쌀 찌기

① 찜통에 면포를 깔고 불린 찹쌀을 넣고 20분간 쪄준다.

② 찌는 도중에 손으로 한두 번 소금물을 쳐주면서 주걱으로 위아래를 섞어준다.

3. 재료 섞기

① 볼에 꿀과 설탕, 간장, 계핏가루를 넣고 섞어주다가 밤, 대추, 견과류도 넣어준다.

② 쪄 낸 찹쌀은 뜨거울 때 재료와 함께 섞어주고 면포를 덮어 1~2시간 숙성시킨다.

4. 찰밥 찌기

① 찜통에 젖은 면포를 깔고 김이 오르면 3의 찹쌀밥을 넣어 30분간 찐다.

② 중간에 간이 잘 스며들고 고루 잘 익을 수 있도록 두세 차례 섞어준다.

> **TIP** 모양틀로 여러 가지 모양을 만들어도 되고, 손으로 자연스러운 모양을 만들어도 좋다. 색을 내고 싶을 때는, 장미가루나 꽃차 우린 물 등 천연색소를 섞어주면 된다.

양갱

양갱 만들기

① 물에 한천가루를 넣어서 3~5분 정도 불려준다

② 불린 한천은 불에 올려 설탕과 올리고당을 넣고 끓여준다.

③ 설탕이 다 녹으면 준비해 둔 흰 앙금을 넣고 살살 풀어준다. 걸쭉해질 정도로 끓여주는데 바닥이 눌러 붙지 않도록 잘 저어준다.

④ 천연가루를 넣어 잘 섞어주고 약불에서 끓이다가 되직한 느낌이 나면 불을 끈다.

⑤ 완성된 양갱은 모양틀에 부어 굳힌다.

밤양갱 만들기

① 물에 한천가루를 넣어서 3~5분 정도 불려준다.

② 밤을 삶아 깍둑썰기로 썬다. 밤다이스를 이용해도 된다(물기를 뺌.).

③ 불린 한천에 설탕과 올리고당을 넣고 끓인다.

④ 적앙금을 넣고 잘 풀어주다가 밤을 넣고 잘 섞어준다.

⑤ 되직해지면 불을 끄고, 바로 모양틀에 부어 굳힌다.

재료

양갱 : 백앙금 200g, 한천가루 5g, 설탕 20g, 올리고당 20g, 물 120g, 천연색소가루(단호박 10g, 말차 5g, 버터플라이피차)

밤양갱 : 적앙금 500g, 설탕 40g, 올리고당(또는 물엿) 50g, 밤 150g(밤다이스 170g), 한천가루 12g, 물 300g

TIP

가루가 잘 안 풀어지고 뭉칠 수 있으니 물 1TS를 넣고 미리 풀어서 넣으면 편하다. 모양틀에서 굳힐 때, 냉장고에 잠깐 넣어두면 빨리 굳고 잘 떨어진다. 양갱은 반드시 다 굳히고 난 뒤 꺼내야 모양이 예쁘게 된다.

오색 연근밥

1. 세척, 손질

① 찹쌀은 깨끗이 씻어 5~6시간 물에 담가 푹 불려 놓는다.

② 연근은 싱싱한 걸로 준비하여 껍질을 벗겨서 2cm로 썰어 소금물에 데쳐 둔다.

2. 찹쌀 찌기, 색 입히기

① 찜통에 김이 오르면 불린 찹쌀을 살짝 쪄서 소금 간을 한다.

② 밥을 5등분으로 나누어 준비한 색색의 가루와 찻물을 넣고 버무린다.

3. 연근 안에 찹쌀밥 넣기

① 젓가락을 이용하여 오색으로 물들인 찹쌀을 연근 구멍에 꾹꾹 눌러가며 속을 채운다.

② 김 오른 찜통에 속을 채운 연근을 푹 찐다.

4. 꽃 모양으로 썰기

① 잘 쪄진 연근은 한 김 나가면 동글납작하게 썰어 꽃처럼 모양을 낸다.

② 맛도 영양도 풍부한 오색연근밥을 따뜻한 꽃차와 함께 상에 낸다.

재료

찹쌀 1/2컵, 연근 1개

천연가루 : 보리새싹가루, 버터플라이피차, 단호박가루, 비트차, 소금 1ts

TIP
더 간편하게 만들기 위해서 불린 찹쌀에 바로 색색의 물을 들인 후 연근 속을 채우고 찜통에 쪄도 된다(한 번만 찐다.).

오색편강

재료
생강 1kg, 설탕 1kg, 천연가루 5g(비트가루, 치자가루, 말차, 팬지차)

1. 세척, 손질

① 생강은 한 쪽씩 떼서 깨끗이 씻고 껍질을 벗긴 후 얇게 일정하게 편을 썬다. 슬라이서를 이용해도 된다.

② 저민 생강을 1시간 정도 찬물에 담가 전분기와 매운맛을 빼주고 물기를 뺀다.

2. 설탕 녹이기

① 팬에 생강과 설탕을 넣고 섞어준 다음 5등분하고, 각각 불에 올려 약불에서 끓인다.

② 설탕이 반 정도 녹아 물이 생기기 시작하면 중불로 올린다. 설탕이 다 녹고 물이 많이 생기면 이때부터는 센 불에서 졸인다. 거품은 걷어내고 가끔씩 저어준다.

3. 천연색소 넣기

① 설탕물에 천연가루를 넣어서 잘 섞고, 설탕물이 반 정도 줄어들면 중불로 낮춰준다.

② 생강편에 설탕물이 줄어들고 거품이 뽀글뽀글 올라오면 약불로 줄여 계속 저어준다.

4. 수분체크

① 설탕거품이 팬 가장자리에 생기고 가장자리에 하얀 설탕결정체들이 보이면 빠르게 젓는다. 생강이 머금고 있던 설탕물을 도로 뱉으면서 설탕결정체가 생겨나 뭉쳐지고 약간 바삭하게 건조한 상태가 될 때 불을 끈다.

② 편강을 대나무 채반에 담아 서로 들러붙지 않게 펼쳐서 식힌다.

> **TIP**
> 편강은 그대로 간식으로 먹어도 좋지만 다관에 편강 몇 조각을 넣고 뜨거운 물을 부어서 따뜻하게 우려 마셔도 좋다.

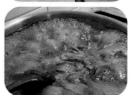

유자꿀단자

재료

유자 10개, 밤 300g, 석류 2개, 배 1개,
대추 300g, 블루베리 300g, 시럽(설탕
5컵, 물 5컵, 매실청 1/2컵), 꿀 1kg, 명
주실, 병

효능 감기와 기관지에 좋고 피로회복, 혈액순환 촉진,
고혈압 예방, 숙취해소 등에 도움이 된다.

1. 세척, 손질

① 명주실은 끓는 물에 삶아서 불순물을 뺀 다음 여러 번 헹구어 물기를 빼고
건조한다.

② 유자는 껍질을 문질러서 깨끗이 씻은 다음 뜨거운 물에 3분 정도 데친다.

③ 밤은 겉껍질과 속껍질을 벗겨 세척한 다음 물기를 닦아 준다.

④ 석류와 대추, 오디도 깨끗이 씻어 물기를 뺀다.

2. 유자그릇

① 유자는 위쪽을 칼로 자르고 속을 파낸 후 뚜껑은 유자 몸통과 짝이 되게
위에 올려둔다.

② 유자 씨는 발라내고 속살은 다져둔다.

3. 속재료, 시럽

① 석류는 반으로 갈라 작은 티스푼을 이용하여 알갱이를 파낸다.

② 대추는 돌려 깎아서 채를 썰고, 배와 밤도 채를 썬다. 모든 재료는 굵기를
비슷하게 한다.

③ 볼에 준비한 모든 재료와 유자 속살 다진 것을 같이 담고 버무린다.

④ 냄비에 시럽재료들을 넣고 끓인다.

4. 유자단자

① 속재료로 유자 속을 채우고 명주실로 가로세로로 4번 돌려 단단히 묶는다.

② 소독한 병에 유자단자를 넣고 시럽을 반만 붓고 나머지는 꿀로 채운다.

코디얼
(금어초)

재료
금어초(팬지 등 식용꽃) 80g, 허브
20g, 레몬 100g, 물 100ml(설탕과
물은 1:1 비율), 꿀(선택)

▶ **코디얼(CORDIAL)이란**

코디얼은 설탕을 가열해서 만든 차로 꽃과 허브, 과일 등에 끓인 시럽을 부어 재료의 약성을 잘 우러나게 하여 오래 저장해놓고 먹는 서양식 건강음료이다.

TIP 건져낸 건더기에 식초를 부어두면 꽃식초로 활용할 수 있다.

1. 세척, 손질

① 레몬은 껍질 부분의 왁스나 방부제를 제거하기 위해서 베이킹소다로 표면을 문질러주고, 굵은 소금으로 2차 세척 후 뜨거운 물에 10초 데친다.

② 금어초와 허브는 식초물에 10분 정도 담가 헹구어내고 물기를 제거한다.

2. 재료 병입

① 레몬을 얇게 썰고 씨는 제거하며 꽃과 허브는 병입하기 좋게 다듬는다.

② 소독한 병에 레몬, 허브, 꽃을 넣는다. 병이 꽉 찰 정도로 켜켜이 넣어준다.

3. 시럽 만들기

① 냄비에 물과 설탕을 넣고 중불에서 끓인다. 설탕이 완전히 녹고 끓어오르면 약불로 낮추고 저어준다. 시럽이 팔팔 끓으면 불을 끈다.

② 한 김 내보낸 후 꽃을 담아둔 병에 시럽을 붓고, 뚜껑을 덮고 서늘한 곳에 둔다. 꿀을 추가해도 좋다.

③ 하루 지나면 병을 거꾸로 세워두었다가 다시 바로 세워 보관하기를 반복한다.

4. 꽃잎 걸러내기

① 2주일 후 체에 내려 건더기는 건져내고 코디얼은 냉장 보관한다.

② 여름철에는 생수나 탄산수를 부어 에이드처럼 마시고, 겨울에는 따끈하게 마시면 건강차가 된다.

화전

재료

찹쌀 500g, 끓는물 1/2컵, 소금
1ts, 진달래꽃이나 식용꽃, 꿀
또는 시럽

1. 세척, 손질

① 찹쌀을 깨끗이 씻어 하루 정도 물에 불린 뒤 물기를 빼고 소금을 넣고 빻아
   가루로 만들어 둔다.

② 진달래꽃은 꽃술을 제거하고 가볍게 씻어 물기를 털어둔다.

2. 반죽하기

① 찹쌀가루를 체에 내려 뜨거운 물을 조금씩 부어가며 익반죽을 한다.

② 반죽을 많이 치댈수록 떡이 맛있고 갈라지지 않게 된다.

3. 반죽 빚기

익반죽한 반죽을 조금씩 떼내어 직경 5~6cm 정도가 되게끔 동글납작하게 빚
은 뒤, 준비해둔 꽃을 반죽 위에 올린다.

4. 화전 부치기

① 팬에 기름을 두르고 반죽을 올려 살짝 눌러주면서 약한 불에서 지진다.

② 떡이 투명하게 익으면 꿀이나 시럽을 기호에 맞게 뿌리고 접시에 담아낸다.

전국 꽃축제 안내

꽃축제	시기	지역	전화
오동도 동백꽃축제	12~1월	여수시 수정동(오동도 동백 군락지)	061) 659-1819
서천 동백꽃축제	12~1월	충남 서천국 서면 일대	
제주 동백꽃축제	12~1월	제주도 서귀포 (휴애리 자연생활공원)	054) 732-2114
제주 수선화축제	12~2월	제주시 한림읍(한림공원)	054) 796-0001
구례 산수유축제	3월	구례군 산동면(지리산 온천관광단지)	061) 780-2726
백사 산수유축제	3월	이천시 백사면 원적로(산수유 마을)	031) 631-2104
광양 매화축제	3월	광양시 다압면 지막1길 55(청매실농원)	061) 797-2721
서울 매화축제	3월	성동구 용답역 2번 출구(하동 매실거리)	
영취산 진달래축제	3월	전남 여수시 영취산 일원	061) 659-4743
괴산 미선나무꽃축제	3~4월	괴산군 칠성면 연풍로 63번지	010-383-6748
진해 벚꽃축제	3~4월	경남 창원시 진해구(진해군항제)	055) 552-8532
동강 할미꽃축제	3~4월	동강로2908(정선 동강 생태체험 학습장)	1544-9053
애버랜드 튤립축제	3~4월	용인 처인구 포곡읍(에버랜드)	031) 320-5000
이월드 별빛벚꽃축제	3~4월	대구 달서구 두류공원로200(이월드)	053) 620-0001
고려산 진달래축제	4월	강화군 하정면 고려산(고인돌광장)	032) 933-8120
서울 벚꽃축제	4월	송파구 잠실역 2번 출구(석촌호수)	02) 2147-2800
서울 개나리축게	4월	옥수역 4번 출구(응봉산 달맞이공원)	
윤종로 벚꽃축제	4월	여의도 국회의사당역	02) 2670-3114
제주 유채꽃축제	4월	제주 서귀포시 표선면 가시리	064) 760-3946
군포 철쭉축제	4월	군포시 산본동(군포 철쭉공원)	031) 390-3560
군위 사과꽃축제	4월	군위군 부계면 동산리, 남산리 일원	053) 246-6974
김천 자두꽃축제	4월	김천시 농소면 벽봉로1651	
나주 배꽃축제	4월	나주시 금천면(배박물관)	061) 330-8610
강릉 복사꽃축제	4월	강릉시 주문지읍 장덕 2리	
이천 복사꽃축제	4월	이천시 장호원읍 백족산	031) 641-3001
태안 수선화축제	4월	태안군 남면 마검포길200	041) 675-9200
연천 라벤더축제	4월	연천군 왕징면 북삼로(허브빌리지)	031) 833-5100
고창 청보리밭(유채)	4~5월	고창군 공음면(학원관광농원)	063) 564-9897
태안 튤립축제	4~5월	충남 태안군 안면읍 꽃차해안로400	041) 675-5523
태안 백합축제	4~5월	태안군 남면 마검포길200	041) 675-9200
구리 유채꽃축제	5월	구리시 토평동 한강시민공원	031) 550-2065
칠곡 아카시아꽃축제	5월	칠곡군 지천면 낙산리(신동재)	054) 979-53531
서울 철쭉축제	5월	관악구 낙성대역, 서울대입구역(관악산)	02) 880-3503
흥해 이팝꽃축제	5월	포항시 흥해읍 옥성리(흥해향교)	010) 5374-2113
서울 찔레꽃밭	5월	고덕동 396 일대(고덕 생태보존지역)	
영천 작약꽃축제	5월	영천시 신녕면 왕산리(한국약초작목반)	054) 338-1343
서울 장미축제(유채)	5월	태능입구역 6번 출구, 중화역 4번 출구(장미공원)	
애버랜드 장미축제	5~6월	용인시 처인구 포곡읍(애버랜드)	031) 320-5000
태안 팜카밀레허브축제	5~6월	태안군 남면 우운길(팜카밀레농원)	041) 675-3636

원주 꽃양귀비축제	5~6월	원주시 판부면 서곡리1632-1	033) 764-4443
임실 엉겅퀴꽃축제	5~6월	임실군 오수면(임실 엉겅퀴공원)	063) 642-8588
가평 아이리스(붓꽃)축제	6월	가평군 상면(아침고요수목원)	1544-6703
포천 라벤더축제	6월	포천시 신북면 청산로(허브아일랜드)	031) 535-6494
산청 찔레꽃축제	6월	산청군 치황면 신차로2111	
수국 정원축제(능소화)	6월	김해시 대동면 대동로(수안마을)	
지리산 도라지축제	7월	산청군 사천면 내공길68	010-6693-5909
이월드 수국아일랜드	7월	대구시 달서구(이월드파크)	053) 620-0001
태안 백합꽃축제	7~8월	태안군 남면 마검포길200	041) 675-9200
가평 무궁화축제	7~8월	경기도 가평 상면(아침고요수목원)	1544-6703
양평 연꽃축제	6~8월	양평균 양서면 양수역 1번 출구(세미원)	031) 775-1835
태백 해바라기축제	7~8월	태백시 구와우길38-20	033) 553-9707
서울 연꽃축제	7~8월	안국역 6번 출구, 종각역 2번 출구(조계사)	02) 768-8600
무궁화축제	7~8월	경기도 가평 상면(아침고요수목원)	1544-6703
강화 해바라기축제	8~9월	강화 교동도(난정리 해바라기마을정원)	
평창 메밀꽃축제(백일홍)	9~10월	평창군 봉평면 이효석길157	033) 335-2323
구미 코스모스축제	9월	구미시 장천면 강동로 99-93	054) 480-7365
구리 코스모스축제	9월	구리시(구리 한강시민공원)	
양주 목화꽃축제	9월	양주시 광사동7319(나리공원)	031) 8082-5652
불갑사 상사화축제	9월	영광군 불갑면 불갑사로450(불갑산)	010-5742-7787
선운사 꽃무릇꽃축제	9~10월	고창군 아산면 선운사로250(선운사)	063) 561-1422
양주 천일홍축제	9~10월	양주시 광사동 51-56(나리농원)	031) 8082-7240
공주 구절초꽃축제	9~10월	공주시 장기면 산학리 441번지(영평사)	044) 857-1854
청주 국화축제	10~11월	청주시 상당구 신대로(청남대)	043) 257-5080
신안 애기동백꽃축제	11~12월	신안군 압해읍 수락길330(천사섬)	061) 240-8778
보성 다향대축제	5월	보성군 보성읍 녹차로(한국차문화공원)	061) 850-5211
대구 세계차문화축제	5월	대구 북구 액코로10, 엑스포(EXPO)	053) 601-5000
하동 야생차문화축제	5월	하동군 화개면 악양면(차문화센터일원)	055) 880-2052

* 코로나로 인하여 행사를 취소하거나 아예 행사계획조차 하지 않는 경우가 많습니다. 연락처 또한 변경되거나 받지 않을 수 있으니, 이점 참고바랍니다.

참고문헌

- 권태원, 우리의 차문화와 다례, 경인문화사, 2001
- 권표근 외, 잡초치유밥상 마음의 숲, 2017
- 김상현, 한국민족문화대백과사전(茶),한국학중앙연구원, 1996
- 김우현, 생활약차, forbook, 2014
- 김종원, 국식물생태보감1, 2013
- 김용구, 차의 세계사, 열린세상, 2012
- 김혜진, 쁘띠 플라워, 살림LIFE, 2010
- 김선풍, 전설 속에 피어난 꽃이야기, 집문당, 1995
- 김영아, 꽃차,약차,허브차 가람누리, 2012
- 김영아, 꽃차와 약차 이용법, 푸른행복, 2010
- 대안스님, 열두 달 절집 밥상, ㈜웅진 씽그빅, 2010
- 대안스님, 열두 달 절집 밥상, 웅진리빙하우스, 2014
- 류정호, 스토리텔링으로 떠나는 꽃차여행, 인문산책, 2012
- 박석근, 사계절 꽃차의 정식 북마운틴 2019
- 박정희, 한국차문화의 역사 민속원 2015
- 박종철, 사계절 동의보감 약초약차 푸른행복 2017
- 박원만, 텃밭백과 들녘 2007
- 박효완, 약이 되는 한국의 꽃차 아이템북스 2013
- 박성주, 병 속에 담긴 사계절, ㈜ 레시피펙토리, 2015
- 베아트리스 호헤네거, 차의 세계사, 열린세상, 2012
- 선엽, 선엽스님의 힐링약차, 마음서재, 2020
- 소정룡, 쑥 생명을 지키는 의초, 진리탐구, 1999
- 송주연 외 1인, 꽃차의 거의 모든 것, 열린과학, 2004
- 여연스님, 우리가 정말 알아야 할 우리차, 현암사, 2006
- 송상곤, 약초도감, 넥서스북, 2010
- 오승영 외, 사계절 꽃차의 정석, 북마운틴, 2019
- 왕영분, 참나리 사계를 살다, 도서출판 지식과 사람들, 2010
- 윤숙자, 규합총서, 백산출판사, 2019
- 위타점, 위타점의 꽃차, 필미디어, 2013
- 이귀례, 한국의 차문화, 한국차문화협회, 규방다례보존회, 2002
- 이상희, 꽃으로 보는 한국문화3, 2004
- 이정희, 함께 건강하게 마시는 차차차, CROWN BOOK, 2013
- 이진수, 차의 이해, 꼬레알리즘, 2005
- 이진수 외, 찻잎 속의 차, 이른아침, 2008
- 이창복 감수, 식물도감, ㈜은하수미디어, 2001
- 이정원, 유기농은 꼭 이루어진다, 도서출판 들녘, 2013
- 임희재 외, 한시백사, 무일NP, 2018
- 자연을 담는 사람들, 동의보감 사계절 약초도감, 글로북스, 2011
- 장준근, 몸에 좋은 산야초, 2011
- 정구영, 동의보감 효소발효, 글로북스 2013
- 정동주, 한국인과 차, 다른세상, 2004
- 정동효 외, 차생활문화대전, 홍익재, 2012
- 정보섭, 향약대사전, 영림사, 1990
- 정승호, 중국차바이블, 한국티소믈리에연구원, 2017
- 정진호, 차를 즐기며 병을 치료하는 한방차요법, 청송, 1997
- 정헌관, 우리 생활 속의 나무, 국립산림과학원, 2007
- 주의린 외, 산야초 백과사전, 행복을 만드는 세상, 2014
- 최유정, 꽃차 잎차 꽃음식, 아카데미북, 2013
- 최영전, 한국민속식물, 아카데미서적, 1997
- 최준혁, 동의보감 한방차 99가지, 그린월드, 2013
- 프리베르 외, 세계시인의 꽃에 대한 시 꽃 풀잎, 1994
- 하순혜, 허브도감, 아카데미서적, 2006
- 해동약초연구회, 한국의 약초, 아이템북스, 2016
- 허북구, 꼭 알아야 할 한국의 야생화200, 중앙생활사, 2008
- 국립중앙과학관, 우리나라 야생화, 네이버지식백과
- Hugo Simberg, The Wounded Angel, Helsinki, Finland, 1903

계절별 찾아보기